全国高职高专计算机类"十二五"规划教材
网络安全工程师认证教材
校企合作开发教材

防火墙技术项目化教程

主　编　刘　静　杨正校

副主编　刘　坤　普　星　沈　啸　胡正好

西安电子科技大学出版社

内 容 简 介

本书是江苏省中高职衔接项目"基于校企共建专业的中高职衔接的研究与实践"的重要成果之一。本书共分两部分,其中基础理论篇围绕防火墙的概念与功能、工作原理、安全标准与评价体系、体系结构与分类、设计、防火墙技术的发展进行系统化概述;应用实践篇共 6 个项目,首先实现防火墙基本环境的搭建,然后进行 SNAT 等基本模式配置,在此基础上实现 DHCP 服务器等常用功能,针对上网行为从 Web 安全认证等方面实现过滤功能实操,完成防火墙 VPN 高级配置,最后参照省级、国家级技能大赛的要求进行网络安全系统综合训练。附录中给出防火墙配置常见命令。

本书可作为高职高专院校相关专业的教学用书,也可以为广大网络安全方面的专业技术人员及计算机爱好者提供参考。

图书在版编目(CIP)数据

防火墙技术项目化教程/刘静,杨正校主编. —西安:西安电子科技大学出版社,2015.3

ISBN 978-7-5606-3663-4

Ⅰ. ①防… Ⅱ. ①刘… ②杨… Ⅲ. ①计算机网络—安全技术—教材 Ⅳ. ①TP393.08

中国版本图书馆 CIP 数据核字(2015)第 039067 号

策 划 高 樱
责任编辑 马武装 王彦然
出版发行 西安电子科技大学出版社(西安市太白南路 2 号)
电 话 (029)88242885 88201467   邮 编 710071
网 址 www.xduph.com   电子邮箱 xdupfxb001@163.com
经 销 新华书店
印刷单位 陕西华沐印刷科技有限责任公司
版 次 2015 年 3 月第 1 版   2015 年 3 月第 1 次印刷
开 本 787 毫米×1092 毫米 1/16 印 张 12.5
字 数 295 千字
印 数 1~3000 册
定 价 23.00 元

ISBN 978-7-5606-3663-4/TP

XDUP 3955001-1

如有印装问题可调换

前　言

随着网络技术的快速发展，移动互联和电子商务正在改变着人们的信息技术应用和生活方式，企业和个人越来越频繁地利用互联网进行交易，个人经常使用信用卡在网络上进行电子交易或贸易，不同公司之间也利用网络进行广泛的信息传递。互联网已经成为信息流和资金流的重要载体和传输渠道。个人隐私资料或企业的商业机密等信息一旦被非法网络入侵者拦截、修改或盗用，将存在严重的安全隐患。防火墙(Firewall)技术就是一种保护网络用户免受非法入侵，保证网络传输中的信息安全的技术。

防火墙是设置在不同网络(如可信任的企业内部网和不可信的公共网)或网络安全域之间一系列部件的组合。它是不同网络或网络安全域之间信息的唯一出入口，能根据企业安全策略控制(允许、拒绝、监测)出入网络的信息流，且本身具有较强的抗攻击能力。它是一种提供信息安全服务、实现网络和信息安全的基础设施。

本书是江苏省中高职衔接项目"基于校企共建专业的中高职衔接的研究与实践"的重要成果之一。本书作者联合行业企业和兄弟院校，共同开发教材资源，将行业信息安全管理经验与院校信息安全教学项目结合起来，依据防火墙工作原理和机制，选取行业经典防火墙应用技术案例，并融入省、国家信息安全技能大赛内容，以项目为载体组织教学内容，以任务为导向，突出防火墙应用技术能力训练。书中各项目和任务都从需求背景开始，突出真实性和实用性。

本书将理论与实践相结合，注重工作与学习的统一。本书一方面由浅入深地介绍了防火墙技术知识，给出了当前最新防火墙技术的开发与应用知识点，使读者能够较快掌握防火墙技术并能应用到实际中解决问题；另一方面，本书将防火墙实践操作技能通过 6 个项目导入，以企业真实任务为载体，采取由浅入深的方式组织技能训练项目，使读者在任务完成过程中逐步实现防火墙配置技能的螺旋式提升。书中实践项目中的前 5 个项目由若干任务组成。任务内容组织首先从防火墙简单的源 NAT、目的 NAT 等基本模式配置入手，然后结合防火墙的 DHCP 服务、DNS 服务等常用服务器功能配置，再将防火墙的多种安全过滤功能与其常用功能结合起来，最后进行防火墙 VPN 高级模式配置训练。每个任务后面都配有相关知识点链接和思考。每个项目后，均提供了项目实训。第 6 个项目为综合实训项目，实现由网络设备和多个防火墙、服务器构成的网络安全系统的部署。本书为高职高专的网络安全与管理类专业提供了实用教材，也可供本科以及网络安全技术人员参考使用。

本书由苏州健雄职业技术学院刘静副教授、杨正校院长主编，其所在专业团队教师全员参与了教材的编写工作。通过收集大量资料，经过 4 个学期的教学实践反复论证，并吸收防火墙应用的最新实用技术校企共建专业的合作相关方协同完成本书的编写工作。本书配有完整的 PPT 教学课件，方便广大教师参考使用。同时充分考虑高职高专学生的特点，设计了基础理论篇和应用实践篇，并在实践中进行理论知识链接，内容选取与操作通俗易懂，便于学生快速掌握防火墙应用技术。

本书得到江苏省教育厅的基金资助，苏州健雄职业技术学院教务处领导给予编写组很多的关心和支持，信息安全技术专业协作共建方——江苏省昆山第一中等专业学校、太仓市工投信息系统集成有限公司等为本书的编写提供了技术支持帮助，在此一并致谢！

由于作者水平有限，书中难免存在不妥之处，敬请读者批评指正。

作　者

2014 年 10 月 6 日

目　录

基 础 理 论 篇

基础理论篇

  随着网络技术的快速发展及其广泛应用，网络中出现的信息泄密、数据篡改和服务拒绝等安全事件频繁发生，网络安全问题越来越严重。为解决这些问题，出现了很多网络安全技术和方法，防火墙技术是应用最广泛也是最为成功的一种。

  防火墙技术是建立在现代通信网络技术和信息安全技术基础上的应用型安全技术，被广泛应用在专用网络与公用网络的互联环境中，特别是接入 Internet 的网络中。

第 1 章 防火墙的概念与功能

1.1 防火墙的概念

"防火墙"这个术语来自建筑结构安全技术。在建筑楼宇中,"墙"用来分隔不同的区域或房间,防火墙还具有防火隔离作用。一旦某个单元起火,这种隔离措施或方法将有效地保护其他居住者。多数防火墙上都有一个门,允许人们进入或离开,因此,防火墙在保护人们的安全、增强建筑的安全性的同时也允许必要的访问。在计算机网络中,防火墙是保护网络免受其他网络攻击的一个屏障。具体地讲,防火墙是一种用来加强网络之间访问控制的特殊网络设备,它按照一定的安全策略,对两个或多个网络之间传输的数据包和连接方式进行检查,从而决定网络之间的通信是否被允许,其中被保护的网络称为内部网络或私有网络,另一方则被称为外部网络或公用网络。防火墙能有效地控制内部网络与外部网络之间的访问及数据传输,从而达到保护内部网络的信息不受外部非授权用户的访问和过滤不良信息的目的。

从技术实现角度来讲,防火墙是采用综合的网络技术,如包过滤技术等,设置在被保护网络(一般称为内网)和外部网络(一般称为外网)之间的一道屏障,用以分隔内部网络与公共网络系统,防止发生不可预测的、存在潜在破坏性的入侵。它是不同网络或网络安全域之间信息传递的唯一通道,像在两个网络之间设置了一道关卡,能根据企业的安全策略控制出入网络的信息流,防止非法信息流入被保护的网络,且本身具有较强的抗攻击能力。它是提供信息安全服务,实现网络和信息安全的基础设施。

常见防火墙在网络中的拓扑结构如图 1-1 所示。

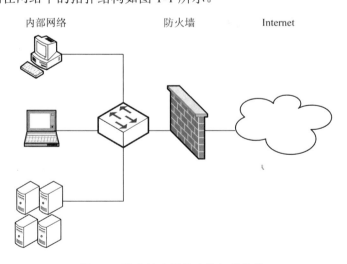

内部网络　　　　　　　　防火墙　　　　　Internet

图 1-1 防火墙在网络中的拓扑结构

在防火墙结构中，连接外网的路由器(外部路由器)强迫所有流入的通信流量经过应用网关，而连接内网的路由器(内部路由器)仅仅接受来自应用网关的分组。实际上，网关控制着那些流入和流出内部网络的网络服务的传递。例如，防火墙只允许指定的用户连接到互联网，或者只允许特定的应用程序在内部主机和外部主机之间建立通信。如果被允许的服务是 E-mail，那么只有 E-mail 的分组被允许通过路由器。这样不但保护了应用网关，也避免了未经许可的分组太多而造成负荷过载。

1.2 防火墙的功能

如果没有防火墙，网络系统的安全只能依靠自身的安全设备和配置来保障，当这些安全设备系统升级或正在运行管理服务时，就可能处于不安全或不可信的状态，网络就很容易受到攻击；另外，这类安全设备可能使得网络只能从一个特定的位置来访问，从而使得网络系统功能没有发挥出来。如果没有防火墙，计算机安全就完全依赖于计算机自身，整个网络系统的安全将由系统中安全性最差的主机所决定，系统中只要有一台不安全的主机，就等于整个系统都处于不安全的状态之中，随着网络规模的增大，要把网络内所有的主机维护至同样高的安全水平是复杂的。更残酷的是，许多用户的计算机水平很差，根本不可能做到这一点，而且，若一时粗心就会因为简单的配置错误、遗漏或没有打安全补丁而导致整个网络系统或服务器系统被攻击。

当防火墙成为与不可信网络进行联系的唯一纽带后，管理员就不再需要确保每一台主机的安全，他只要集中关注、配置防火墙就行了。当然这并不是说防火墙里面的每个主机的自身安全就不重要了，即全部依靠防火墙的想法也是不对的，因为防火墙只是提供了一层避免错误的额外保护而已。

防火墙类似一名审计员，它记录了流经它的所有流量和访问日志，那些包含在日志中的信息可以用来重新构建新的事件以防安全出现缺口，同时可以用作事后查证。防火墙可以减轻系统被用于非法和恶意目的的风险，可以保证网络的安全。一般来说，防火墙可以防范一个网络或企业内的数据和信息在以下三方面的风险：

(1) 机密性的风险，包括某方未经授权就访问的敏感数据或数据的过早泄露。

(2) 数据完整性的风险，包括未经授权就对数据进行修改，例如财务信息、产品特性或某网站上商品的价格。

(3) 可用性的风险。系统可用性保证系统可以适时地为用户服务。

综上所述，防火墙具有以下作用：

(1) 保护脆弱的服务。通过过滤不安全的服务，防火墙可以极大地提高网络安全和减少子网中主机的风险。例如，防火墙可以禁止 NIS、NFS 服务通过，还可以拒绝源路由和 ICMP 重定向封包。

(2) 控制系统访问。防火墙可以提供对系统的访问控制，可以允许从外部访问某些主机，同时禁止访问另外的主机。例如，防火墙允许外部访问特定的 Mail Server 和 Web Server。

(3) 集中安全管理。防火墙对企业内部网实现集中的安全管理，在防火墙定义的安全规则可以运行于整个内部网络系统，而无需在内部网的每台机器上分别设立安全策略。即防火墙可以定义不同的认证方法，而不需要在每台机器上分别安装特定的认证软件，外部用户也只需要经过一次认证即可访问内部网。

(4) 增强的保密性。使用防火墙可以阻止攻击者获取攻击网络系统的有用信息，如 Finger 和 DNS。Finger 显示了主机上所有用户的注册名、真实用户名，以及最后登录时间和使用的 Shell 类型等。

(5) 记录和统计网络利用数据以及非法使用数据。使用防火墙可以记录和统计通过防火墙的网络通信，提供关于网络使用的统计数据，并可以根据提供的统计数据来判断可能的攻击和探测。

(6) 策略执行。防火墙提供了制定和执行网络安全策略的手段。

课后习题一

一、选择题

1. 为控制企业内部对外的访问以及抵御外部对内部网的攻击，最好的选择是(　　)。
    A. IDS　　　　B. 杀毒软件　　　　C. 防火墙　　　　D. 路由器
2. 防火墙是指(　　)。
    A. 防止一切用户进入的硬件　　　　B. 阻止侵权进入和离开主机的通信硬件或软件
    C. 记录所有访问信息的服务器　　　D. 处理出入主机的邮件的服务器
3. 防火墙能够(　　)。
    A. 防范恶意的知情者　　　　　　　B. 防范通过防火墙的恶意连接
    C. 防备新的网络安全问题　　　　　D. 完全防止传送已被病毒感染的软件和文件
4. 下面不是计算机网络面临的主要威胁的是(　　)。
    A. 恶意程序威胁　　　　　　　　　B. 计算机软件面临威胁
    C. 计算机网络实体面临威胁　　　　D. 计算机网络系统面临威胁
5. 一般而言，Internet 防火墙建立在一个网络的(　　)。
    A. 内部网络与外部网络的交叉点　　B. 每个子网的内部
    C. 部分内部网络与外部网络的结合处　D. 内部子网之间传送信息的中枢
6. 在企业内部网与外部网之间，用来检查网络请求分组是否合法，保护网络资源不被非法使用的技术是(　　)。
    A. 防病毒技术　　　B. 防火墙技术　　　C. 差错控制技术　　D. 流量控制技术
7. 下列属于防火墙功能的是(　　)。
    A. 识别 DNS 服务器　　　　　　　　B. 维护路由信息表
    C. 提供对称加密服务　　　　　　　　D. 包过滤
8. 以下有关防火墙的说法中，错误的是(　　)。
    A. 防火墙可以提供对系统的访问控制
    B. 防火墙可以实现对企业内部网的集中安全管理
    C. 防火墙可以隐藏企业网的内部 IP 地址
    D. 防火墙可以防止病毒感染程序(或文件)的传播

二、简答题

1. 什么是防火墙？

2. 防火墙的主要功能有哪些？

3. 防火墙在网络拓扑中有什么作用？

第 2 章 防火墙的工作原理

传统意义上的防火墙技术分为 3 大类：包过滤(Packet Filtering)技术、应用代理(Application Proxy)技术和状态监视(Stateful Inspection)技术。无论一个防火墙的实现过程多么复杂，归根结底都是在这 3 种技术的基础上进行功能扩展。

2.1 包过滤技术

包过滤技术是最早使用的一种防火墙技术，它的第一代模型是静态包过滤，使用包过滤技术的防火墙通常工作在 OSI 模型中的网络层上，后来发展更新的动态包过滤增加了传输层。简而言之，采用包过滤技术的就是各种基于 TCP/IP 协议的数据报文传递的通道，该技术把这网络层和传输层作为数据监控的对象，对每个数据包的头部、协议、地址、端口、类型等信息进行分析，并与预先设定好的防火墙过滤规则进行核对，一旦发现某个包的一个或多个部分与过滤规则匹配并且条件为阻止的时候，这个包就会被丢弃。

适当地设置过滤规则可以让防火墙工作得更安全有效，但是这种技术只能根据预设的过滤规则进行判断，一旦出现一个没有在设计人员意料之中的有害数据包请求，整个防火墙就形同虚设了。人们也许会想，自行添加不行吗？但是别忘了，应该为普通计算机用户考虑，并不是所有人都了解网络协议，如果防火墙工具出现了过滤遗漏问题，用户只能等着被入侵了。一些公司采用定期从网络升级过滤规则的方法，这个方法固然可以方便一部分家庭用户，但是对相对比较专业的用户而言，却不见得就是好事，因为他们可能会根据自己的机器环境设定和改动规则，如果这个规则刚好和升级后的规则发生冲突，用户的改动就无效了。而且如果两条规则冲突了，防火墙会不会当场崩溃？也许就因为考虑到这些因素，至今没见过有多少产品提供过滤规则更新功能的，这并不能和杀毒软件的病毒特征库升级原理相提并论。

为了解决这种鱼与熊掌的问题，人们对包过滤技术进行了改进，这种改进后的技术称为动态包过滤。与它的前辈相比，动态包过滤功能在保持着原有静态包过滤技术和过滤规则的基础上，会对已经成功与计算机连接的报文传输进行跟踪，并且判断该连接发送的数据包是否会对系统构成威胁，一旦触发其判断机制，防火墙就会自动产生新的临时过滤规则或者对已经存在的过滤规则进行修改，从而阻止该有害数据的继续传输。但是由于动态包过滤需要消耗额外的资源和时间来提取数据包的内容进行判断处理，与静态包过滤相比，动态包过滤会降低运行效率，但是静态包过滤技术已经几乎退出市场了，能选择的，大部分也只有动态包过滤防火墙了。

2.2 应用代理技术

由于包过滤技术无法提供完善的数据保护措施,而且一些特殊的报文攻击仅仅使用过滤的方法并不能消除危害(如 SYN 攻击、ICMP 洪水等),因此人们需要一种更全面的防火墙保护技术,在这样的需求背景下,采用应用代理技术的防火墙诞生了。代理服务器作为一个为用户保密或者作为突破访问限制的数据转发通道,在网络上应用广泛。一个完整的代理设备包含一个服务端和一个客户端,服务端接收来自用户的请求,调用自身的客户端模拟一个基于用户请求的连接到目标服务器,再把目标服务器返回的数据转发给用户,完成一次代理工作过程。应用代理防火墙,实际上就是一台小型的带有数据检测过滤功能的透明代理服务器,但是它并不是单纯地在一个代理设备中嵌入包过滤技术,而是嵌入一种被称为应用协议分析的新技术。

"应用协议分析"技术工作在 OSI 模型的最高层——应用层上,在这一层里能接触到的所有数据都是最终形式,也就是说,防火墙"看到"的数据和用户看到的是一样的,而不是一个个带着地址端口协议等原始内容的数据包,因而它可以实现更高级的数据检测过程。

整个代理防火墙把自身映射为一条透明线路,在用户方面和外界线路看来,它们之间的连接并没有任何阻碍,但是这个连接的数据收发实际上是经过了代理防火墙转向的。当外界数据进入代理防火墙的客户端时,应用协议分析模块便根据应用层协议处理这个数据,通过预置的处理规则查询这个数据是否会产生危害,由于这一层面对的已经不再是组合有限的报文协议,所以防火墙不仅能根据数据层提供的信息判断数据,更能像管理员分析服务器日志那样看内容辨危害。而且由于工作在应用层,防火墙还可以实现双向限制,在过滤外部网络有害数据的同时也监控着内部网络的信息,管理员还可以配置防火墙实现身份验证和连接时限的功能,从而进一步防止内部网络信息的泄漏。

最后,由于代理防火墙采取的是代理机制进行工作,内外部网络之间的通信都需要先经过代理服务器审核,通过后再由代理服务器连接,根本没有给分隔在内外部网络两边的计算机直接会话的机会,因此可以避免入侵者使用"数据驱动"攻击方式(一种能通过包过滤技术防火墙规则的数据报文,当它进入计算机后,可变成能够修改系统设置和用户数据的恶意代码)渗透内部网络,可以说,应用代理技术比包过滤技术更完善。

但是,应用代理型防火墙的结构特征又偏偏是它最大的缺点。由于它是基于代理技术的,通过防火墙的每个连接都必须建立在为之创建的代理程序进程上,而代理进程自身是要消耗一定时间的,而且代理进程里还有一套复杂的协议分析机制在同时工作,于是数据在通过代理防火墙时就会不可避免地发生数据迟滞现象。通俗地讲,每个数据连接在经过代理防火墙时都会先被请进保安室喝杯茶搜搜身再继续赶路,而保安的工作速度并不能很快。代理防火墙是以牺牲速度为代价换取了比包过滤防火墙更高的安全性能的,在网络吞吐量不是很大的情况下,也许用户不会察觉到什么,然而到了数据交换频繁的时刻,代理防火墙就成了整个网络的瓶颈,而且一旦防火墙的硬件配置支撑不住高强度的数据流量而罢工,整个网络可能就会因此瘫痪了。目前,代理防火墙的普及范围远远不及包过滤型防火墙。

2.3 状态监视技术

状态监视技术是在包过滤技术和应用代理技术之后发展的防火墙技术。它是由自适应代理技术公司 CheckPoint 在基于包过滤原理的动态包过滤技术发展而来的，与之类似的有其他厂商联合发展的深度包检测技术。这种防火墙技术通过状态监视模块，在不影响网络安全正常工作的前提下采用抽取相关数据的方法对网络通信的各个层次进行监测，并根据各种过滤规则做出安全决策。

状态监视技术在保留了对每个数据包的头部、协议、地址、端口、类型等信息进行分析的基础上进一步发展了会话过滤(Session Filtering)功能，在每个连接建立时，防火墙会为这个连接构造一个会话状态，里面包含了这个连接数据包的所有信息，以后这个连接都基于这个状态信息进行。这种检测的高明之处是能对每个数据包的内容进行监视，一旦建立了一个会话状态，此后的数据传输都要以此会话状态作为依据。例如：一个连接的数据包源端口是 8000，那么在以后的数据传输过程里防火墙都会审核这个包的源端口还是不是 8000，如果不是，这个数据包就被拦截，而且会话状态的保留是有时间限制的，在超时的范围内如果没有再进行数据传输，这个会话状态就会被丢弃。状态监视技术可以对数据包内容进行分析，从而摆脱了传统防火墙仅局限于检测几个包头部信息的弱点。而且这种防火墙不必开放过多端口，进一步杜绝了可能因为开放端口过多而带来的安全隐患。

由于状态监视技术相当于结合了包过滤技术和应用代理技术，因此是最先进的。但是由于实现技术复杂，状态监视技术在实际应用中还不能做到真正的完全有效的数据安全检测，而且在一般的计算机硬件系统上很难设计出基于此技术的完善防御措施。

课后习题二

一、选择题

1. 以下(   )不是实现防火墙的主流技术。
   A. 包过滤技术   B. 应用级网关技术   C. 代理服务器技术   D. NAT 技术
2. 关于防火墙技术的描述中，正确的是(   )。
   A. 防火墙不能支持网络地址转换
   B. 防火墙可以布置在企业内部网和 Internet 之间
   C. 防火墙可以查、杀各种病毒
   D. 防火墙可以过滤各种垃圾文件
3. 包过滤防火墙通过(   )来确定数据包是否能通过。
   A. 路由表   B. ARP 表   C. NAT 表   D. 过滤规则
4. 以下关于防火墙技术的描述，(   )是错误的。
   A. 防火墙分为数据包过滤和应用网关两类
   B. 防火墙可以控制外部用户对内部系统的访问

C. 防火墙可以阻止内部人员对外部的攻击

D. 防火墙可以分析和统管网络使用情况

5. 包过滤型防火墙工作在( )。

A. 会话层 B. 应用层 C. 网络层 D. 数据链路层

6. 公司的 Web 服务器受到来自某个 IP 地址的黑客反复攻击，你的主管要求你通过防火墙来阻止来自那个地址的所有连接，以保护 Web 服务器，那么你应该选择( )防火墙。

A. 包过滤型 B. 应用级网关型 C. 复合型防火墙 D. 代理服务型

二、简答题

1. 请简述防火墙的工作原理。

2. 请简述包过滤防火墙的工作原理。

3. 请简述应用代理网关防火墙的工作原理。

第 3 章　防火墙的安全标准与评价体系

3.1　防火墙的安全标准

防火墙技术发展很快，但缺乏通用标准，导致各大防火墙产品供应商生产的防火墙产品兼容性差，给不同厂商的防火墙产品的互联带来了困难。为了解决这个问题，目前已提出了两个标准：

(1) RSA 数据安全公司与一些防火墙的生产厂商(如 Sun Microsystem 公司、Checkpoint 公司、TIS 公司等)以及一些 TCP/IP 协议开发商(如 FTP 公司等)提出了 Secure/WAN(S/WAN) 标准，它能使在 IP 层上由支持数据加密技术的不同厂家生产的防火墙和 TCP/IP 协议具有互操作性，从而解决了建立虚拟专用网(VPN)的一个主要障碍。该标准包含两个部分：

① 防火墙中采用的信息加密技术一致，即加密算法、安全协议一致，使得遵循此标准生产的防火墙产品能够实现无缝互联，但又不失去加密功能。

② 安全控制策略的规范性、逻辑上的正确合理性，避免了各大防火墙厂商推出的防火墙产品由于安全策略上的漏洞而对整个内部保护网络产生危害。

(2) 美国国家计算机安全协会(National Computer Security Association，NCSA)成立的防火墙开发商(Firewall Product Developer，FWPD)联盟制订的防火墙测试标准。

3.2　防火墙的评价体系

防火墙是网络安全体系中最基础的保护环节，其重要性不言而喻。市场上有许多不同的防火墙，它们的体系结构和硬件参数各不相同，所服务的对象也不一样。那么用户应该如何选择呢？下面将介绍如何对防火墙进行评价。

1. 吞吐量

网络中的数据是由数据包组成的，防火墙对每个数据包的处理要耗费资源。吞吐量是指在没有帧丢失的情况下，设备能够接受的最大速率。其测试方法是：在测试中以一定速率发送一定数量的帧，并计算待测设备传输的帧，如果发送的帧数量与接收的帧数量相等，那么就将发送速率提高并重新测试；如果接收帧数量少于发送帧数量，则降低发送速率重新测试，直至得出最终结果。吞吐量测试结果以比特/秒或字节/秒表示。

吞吐量和报文转发率是关系防火墙应用的主要指标，一般采用 FDT(Full Duplex Throughput)来衡量，FDT 指 64 字节数据包的全双工吞吐量。该指标既包括吞吐量指标也涵盖了报文转发率指标。

随着 Internet 的日益普及，内部网用户访问 Internet 的需求在不断增加，一些企业也需要对外提供诸如 WWW 页面浏览、FTP 文件传输、DNS 域名解析等服务，这些因素会导致网络流量的急剧增加。而防火墙作为内外网之间的唯一数据通道，如果吞吐量太小，就会成为网络瓶颈，给整个网络的传输效率带来负面影响。因此，考察防火墙的吞吐能力有助于我们更好地评价其性能表现，这也是测量防火墙性能的重要指标。

吞吐量的大小主要由防火墙内网卡及程序算法的效率决定。其中程序算法尤其重要，算法不佳可能会使防火墙系统进行大量运算，通信量大打折扣。有的防火墙虽号称 100 M 防火墙，由于其算法依靠软件实现，通信量远远达不到 100 M，实际只有 10～20 M。而纯硬件防火墙，由于采用硬件进行运算，因此吞吐量可以达到 90～95 M。

对于中小型企业来讲，选择吞吐量为百兆级的防火墙即可满足需要，而对于电信、金融、保险等大公司、大企业就需要采用吞吐量为千兆级的防火墙产品。

2. 安全过滤带宽

安全过滤带宽是指防火墙在某种加密算法标准下，如 DES(56 位)或 3DES(168 位)下的整体过滤性能，它是相对于明文带宽提出的。一般来说，防火墙总的吞吐量越大，其对应的安全过滤带宽越高。

3. 用户数限制

防火墙的用户数限制分为固定用户数限制和无用户数限制两种。前者比如 SOHO 型防火墙，一般支持几十到几百个用户不等，而无用户数限制大多用于大的部门或公司。

需要强调说明的是，用户数和并发连接数是完全不同的两个概念。并发连接数是指防火墙的最大会话数(或进程)，指每个用户可以在一个时间里产生的连接数，在购买产品时要区分这两个概念。

4. VPN 支持

VPN 的英文全称是"Virtual Private Network"，翻译过来就是"虚拟专用网络"。顾名思义，我们可以把它理解成是虚拟出来的企业内部专线。它可以通过特殊的加密通信协议在连接在 Internet 上的位于不同地方的两个或多个企业内部网之间建立一条专有的通信线路，就好比是架设了一条专线一样，但是它并不需要真正地去铺设光缆之类的物理线路。这就好比去电信局申请专线，但是不用付铺设线路的费用，也不用购买路由器等硬件设备。

5. IDS

IDS 是英文"Intrusion Detection Systems"的缩写，中文意思是"入侵检测系统"。专业上讲，IDS 就是依照一定的安全策略，对网络、系统的运行状况进行监视，尽可能发现各种攻击企图、攻击行为或者攻击结果，以保证网络系统资源的机密性、完整性和可用性。

我们做一个形象的比喻：假如防火墙是一幢大楼的门锁，那么 IDS 就是这幢大楼里的实时监视系统。一旦小偷爬窗进入大楼，或内部人员有越界行为，只有实时监视系统才能发现情况并发出警告。

不同于防火墙，IDS 入侵检测系统是一个监听设备，没有跨接在任何链路上，无须网络流量流经它便可以工作。因此，对 IDS 的部署唯一的要求是：IDS 应当挂接在所有所关注流量都必须流经的链路上。在这里，"所关注流量"指的是来自高危网络区域的访问流量和需要进行统计、监视的网络报文。在如今的网络拓扑中，已经很难找到以前的 HUB

式的共享介质冲突域的网络，绝大部分的网络区域都已经全面升级到交换式的网络结构。因此，IDS 在交换式网络中一般选择部署在以下位置：

(1) 尽可能靠近攻击源。

(2) 尽可能靠近受保护资源。

这些位置通常是：

● 服务器区域的交换机上。

● Internet 接入路由器之后的第一台交换机上。

● 重点保护网段的局域网交换机上。

6. 安全标准

为保护人和物品的安全性而制定的标准称为安全标准。安全标准一般有两种形式：一种是专门的特定的安全标准；另一种是在产品标准或工艺标准中列出有关安全的要求和指标。从标准的内容来讲，安全标准可包括劳动安全标准、锅炉和压力容器安全标准、电气安全标准和消费品安全标准等。安全标准一般均为强制性标准，由国家通过法律或法令形式规定强制执行。

目前国际上通行的与网络和信息安全有关的标准，大致可分成三类：

(1) 互操作标准，比如：对称加密标准 DES、3DES、IDEA 以及被普遍看好的 AES；非对称加密标准 RSA；VPN 标准 IPSec；传输层加密标准 SSL；安全电子邮件标准 S-MIME；安全电子交易标准 SET；通用脆弱性描述标准 CVE。这些都是经过一个自发的选择过程后被普遍采用的算法和协议，也就是所谓的"事实标准"。

(2) 技术与工程标准，比如信息产品通用测评准则(CC/ISO 15408)、安全系统工程能力成熟度模型(SSE-CMM)。

(3) 网络与信息安全管理标准，比如信息安全管理体系标准(BS 7799)、信息安全管理标准(ISO 13335)。

7. 控制端口

防火墙的控制端口通常为 Console 端口，防火墙的初始配置也是通过控制端口(Console)与 PC 机(通常是便于移动的笔记本电脑)的串口(RS-232)连接，再通过 Windows 系统自带的超级终端(Hyper Terminal)程序进行选项配置的。防火墙除了以上所说的通过控制端口(Console)进行初始配置外，也可以通过 Telnet 和 Tftp(简单文件传输协议)配置方式进行高级配置，但 Telnet 配置方式都是在命令方式中配置，难度较大；Tftp 方式需要专用的 Tftp 服务器软件，但配置界面比较友好。

8. 管理功能

防火墙管理是指对防火墙具有管理权限的管理员行为和防火墙运行状态的管理。管理员的行为主要包括：通过防火墙的身份鉴别，编写防火墙的安全规则，配置防火墙的安全参数，查看防火墙的日志等。

防火墙的管理一般分为本地管理、远程管理和集中管理等。

(1) 本地管理：管理员通过防火墙的 Console 口或防火墙提供的键盘和显示器对防火墙进行配置管理。

(2) 远程管理：管理员通过以太网或防火墙提供的广域网接口对防火墙进行管理，管理的通信协议可以基于 FTP、Telnet、HTTP 等。

(3) 集中管理：防火墙的一种管理手段，通常利用一个界面来管理网络中的多个防火墙。其效果和用一个遥控器管理家中所有电器一样简单，可大大简化管理员的管理工作。

课后习题三

一、简答题

1. 目前防火墙有哪些安全标准？
2. 怎样评价防火墙的性能？
3. 简述吞吐量的大小与防火墙的性能有什么关系？

二、名词解释

VPN，RSA，SSL，IDS，NCSA。

第 4 章 防火墙的体系结构与分类

4.1 防火墙的体系结构

为了满足用户的更高要求,防火墙体系架构经历了从低性能的 x86、PPC 软件防火墙向高性能硬件防火墙的过渡。防火墙在经过几年繁荣的发展后,已经形成了多种类型的体系架构,并且这几种体系架构的设备并存互补,并不断进行发展升级。

1. 双重宿主主机体系结构

双重宿主主机体系结构围绕双重宿主主机构筑。双重宿主主机至少有两个网络接口,这样的主机可以充当与这些接口相连的网络之间的路由器,从一个网络到另外一个网络发送 IP 数据包,但是双重宿主主机的防火墙体系结构禁止这种发送。因此,IP 数据包并不是从一个网络(如外部网络)直接发送到另一个网络(如内部网络)。 外部网络能与双重宿主主机通信,内部网络也能与双重宿主主机通信,但是外部网络与内部网络不能直接通信,它们之间的通信必须经过双重宿主主机的过滤和控制,如图 4-1 所示。

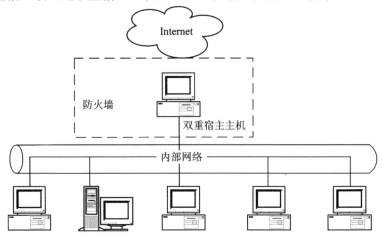

图 4-1 双重宿主主机的防火墙体系结构

2. 被屏蔽主机体系结构

双重宿主主机体系结构防火墙没有使用路由器,而被屏蔽主机体系结构防火墙则使用一个路由器把内部网络和外部网络隔离开。在这种体系结构中,安全主要由数据包过滤提供(例如,数据包过滤用于防止人们绕过代理服务器直接相连)。这种体系结构涉及堡垒主机,堡垒主机是因特网上的其他主机能连接到的唯一的内部网络中的主机。任何外部的系统要访问内部的系统或服务都必须先连接到这台主机。因此,堡垒主机要保持更高等级的主机安全,如图 4-2 所示。

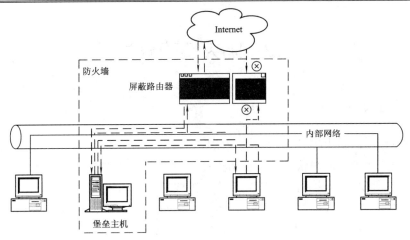

图 4-2　被屏蔽主机的防火墙体系结构

在被屏蔽主机体系结构中，数据包过滤允许堡垒主机开放可允许的连接(可允许连接将由站点的特殊的安全策略决定)到外部世界。在屏蔽的路由器中，数据包过滤配置可以按下列方案之一执行：

(1) 允许其他的内部主机为了某些服务开放到 Internet 上的主机连接(允许开放那些经由数据包过滤的服务)。

(2) 不允许来自内部主机的所有连接(强迫那些主机经由堡垒主机使用代理服务)。

3. 被屏蔽子网体系结构

被屏蔽子网体系结构添加了额外的安全层到被屏蔽主机体系结构，即通过添加周边网络更进一步地把内部网络和外部网络(通常是 Internet)隔离开。被屏蔽子网体系结构的最简单的形式为使用两个屏蔽路由器，每一个都连接到周边网。一个位于周边网与内部网络之间，另一个位于周边网与外部网络(通常为 Internet)之间。这样就在内部网络与外部网络之间形成了一个"隔离带"。为了侵入用这种体系结构构筑的内部网络，侵袭者必须通过两个路由器。即使侵袭者侵入堡垒主机，也必须通过内部路由器才能达到目的，如图 4-3 所示。

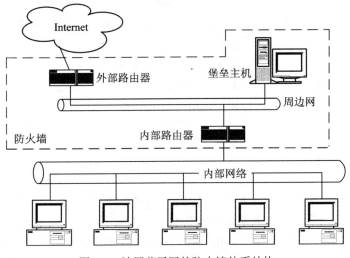

图 4-3　被屏蔽子网的防火墙体系结构

4.2　防火墙的分类

4.2.1　软件防火墙

根据物理特性，防火墙分为两大类：软件防火墙和硬件防火墙。顾名思义，软件防火墙就是一个安装在 PC 上的软件。软件防火墙可以防止黑客攻击，前提是及时升级，定制正确的策略。软件防火墙能否防止 DDOS 攻击则取决于攻击量是否很大，应结合带宽考虑。但是软件防火墙不能防反射性 DDOS 攻击，因为反射性 DDOS 攻击所攻击的对象不是防火墙，而是带宽，防火墙将面临的是几千、几万甚至更多的服务器对一条 10 MB、100 MB或者 1000 MB 的带宽进行攻击。在理论上，任何防火墙都无法做到完全防止这种攻击。

软件防火墙是一种安装在负责内外网络转换的网关服务器上或者独立的个人计算机上的特殊程序。防火墙程序跟随系统启动，通过运行在 Ring0 级别的特殊驱动模块把防御机制插入系统的网络处理部分和网络接口设备驱动之间，形成一种逻辑上的防御体系。硬件防火墙是一种以物理形式存在的专用设备，通常架设于两个网络的驳接处，通过网线连接外部网络接口与内部服务器或企业网络。

从功能上来讲，软件防火墙与硬件防火墙是没有区别的，几乎硬件防火墙有的功能它都有了。不同点在于，软件防火墙是基于操作系统的，如 Windows 2000、Linux、Sun 等。而硬件防火墙是基于硬件的。举一个简单的例子，比如刻录机，它分为内置和外置的。系统配置可以直接影响到刻盘的效果，比如在玩游戏(星际、魔兽等)的时候，内置刻录机刻出的光盘可能会有很多意想不到的问题。而外置的刻录机，一般都是带有缓存的，就是说，可以把它看做是一个独立的系统，它的工作是在操作系统之外的，但是也必须由操作系统控制。软件防火墙也一样，服务器的性能直接影响到它的性能，比如在装有防火墙的机器上上网、玩游戏等都可能给防火墙带来负面的影响。

软件防火墙工作于系统接口与 NDIS(Network Driver Interface Specification，网络驱动程序接口规范)之间，用于检查过滤由 NDIS 发送过来的数据，在无须改动硬件的前提下便能实现一定强度的安全保障。但是由于软件防火墙自身属于运行于系统上的程序，不可避免地需要占用一部分 CPU 资源，而且由于数据判断处理需要一定的时间，所以在一些数据流量大的网络里，软件防火墙会使整个系统的工作效率和数据吞吐速度下降，甚至有些软件防火墙会存在漏洞，导致有害数据可以绕过它的防御体系，给数据安全带来损失。因此，大企业大多不会考虑用软件防火墙方案而是使用硬件防火墙作为公司网络的防御措施。

4.2.2　硬件防火墙

硬件防火墙直接从网络设备上检查过滤有害的数据报文。位于防火墙设备后端的网络或者服务器接收到的是经过防火墙处理的相对安全的数据，不必另外分出 CPU 资源去进行基于软件架构的 NDIS 数据检测，可以极大地提高工作效率。

4.2.3　几种主要的防火墙

防火墙分类的方法很多,除了从形式上把它分为软件防火墙和硬件防火墙以外,还可以从技术上将其分为包过滤型、应用级网关型和状态数据包检测型 3 类;从结构上又分为单一主机防火墙、路由集成式防火墙和分布式防火墙 3 种;按工作位置分为边界防火墙、个人防火墙和混合防火墙;按防火墙性能分为百兆级防火墙和千兆级防火墙等。虽然看似种类繁多,但这只是因为业界分类方法不同罢了,例如一台硬件防火墙就可能由于结构、数据吞吐量和工作位置而规划为"百兆级状态监视型边界防火墙"。因此这里主要介绍的是技术方面的分类,即包过滤型、应用级网关型和状态数据包检测型防火墙技术。

1. 包过滤型防火墙

包过滤又称"报文过滤",它是防火墙最传统、最基本的过滤技术,最早于 1989 年提出。防火墙的产生也是从这一技术开始,包过滤技术对通信过程中的数据进行过滤(又称筛选),使符合事先规定的安全规则(或称"安全策略")的数据包通过,而将那些不符合安全规则的数据包丢弃。安全规则是包过滤防火墙技术的根本,它是通过对各种网络应用、通信类型和端口的使用来规定的。例如,用于特定的因特网服务的服务器驻留在特定的端口号的事实(如 TCP 端口 23 用于 Telnet 连接),使包过滤器可以通过简单地规定适当的端口号来达到阻止或允许一定类型的连接的目的,并可进一步组成一套数据包过滤规则。包过滤器的工作是检查每个包的头部中的有关字段。网络管理员可以配置包过滤器,指定要检测哪些字段以及如何处理等。

防火墙对数据的过滤的根据是数据包中包头部分所包含的源 IP 地址、目的 IP 地址、协议类型(TCP 包、UDP 包、ICMP 包)、源端口、目的端口及数据包传递方向等信息,通过判断其是否符合安全规则,来确定是否允许该数据包通过。

1) 包过滤型防火墙技术

包过滤型防火墙通常工作在 OSI 的三层及三层以下,由此可以看出,它可控的内容主要包括报文的源地址、报文的目标地址、服务类型,以及第二层(数据链路层)可控的 MAC 地址等。除此以外,随着包过滤型防火墙的发展,部分 OSI 四层的内容也被包括进来,如报文的源端口和目的端口。在包过滤技术的发展中,出现过两种不同的技术,即静态包过滤和动态包过滤。

静态包过滤(Static Packet Filter)技术是传统包过滤技术,它根据流经该设备的数据包地址信息决定是否允许该数据包通过,它判断的依据有(只考虑 IP 包):

(1) 数据包协议类型:TCP、UDP、ICMP、IGMP 等。

(2) 源 IP 地址、目的 IP 地址。

(3) 源端口、目的端口:FTP、HTTP、DNS 等。

(4) IP 选项:源路由、记录路由等。

(5) TCP 选项:SYN、ACK、FIN、RST 等。

(6) 其他协议选项:ICMPECHO、ICMPECHOREPLY 等。

(7) 数据包流向:IN(进)或 OUT(出)。

(8) 数据包流经网络接口。

要了解以上数据包过滤的情况，可以先来看防火墙方案部署的网络拓扑结构。所有的防火墙方案网络拓扑结构都可简化为如图 4-4 所示的结构图。

图 4-4   简化的防火墙网络拓扑结构

在这个网络拓扑结构中，防火墙位于内、外部网络的边界。内部网络可能包括各种交换机、路由器等网络设备。而外部网络通常是直接通过防火墙与内部网络连接，中间不会有其他网络设备。因为防火墙是内、外部网络的唯一通道，所以进、出的数据都必须通过防火墙来传输。这就有效地保证了外部网络的所有通信请求。当然，黑客所发出的非法请求也能在防火墙中加以过滤。

以上介绍的其实就是传统的静态包过滤技术，这种包过滤防火墙技术方案配置比较复杂，对网络管理员的要求比较高。再加上这种传统的包过滤技术只能针对数据包的 IP 地址信息进行过滤，而不能在用户级别上进行过滤，即不能识别不同用户身份的合法性和防止 IP 地址的盗用。对于单纯采用包过滤技术的防火墙方案，如果攻击者把自己主机的 IP 地址设成一个合法主机的 IP 地址，就可以很轻易地通过包过滤器。由此可见，这种防火墙方案还是很不安全的。正因如此，这种传统的包过滤技术很快被更先进的动态包过滤技术所取代。

动态包过滤(Dynamic Packet Filter)技术首先是由 USC 信息科学院的 Bob Braden 于1992 年开发提出的，属于第四代防火墙技术，后来发展为目前所说的状态监视(Stateful Inspection)技术。1994 年，以色列的 Check Point 公司开发出了第一个基于这种技术的商业化产品。动态包过滤技术可以动态地根据实际应用请求自动生成或删除相应包过滤规则，无需管理员人工干预。这样就解决了静态包过滤技术使用和管理难度大的问题。同时动态包过滤技术还可以分析高层协议，可以更有效、全面地对进出内部网络的通信进行监测，进一步确保内部网络的安全。但这种动态包过滤技术仍只能对数据的 IP 地址信息进行过滤，不能对用户身份的合法性进行鉴定。同时，动态包过滤技术通常也没有日志记录可查，这为日常的网络安全管理带来了困难。正因为如此，它很快被新一代自适应代理防火墙所替代。

包过滤防火墙是基于路由器来实现的，它通过判定数据包的头信息(源 IP 地址、封装协议、端口号等)是否与过滤规则相匹配来决定取舍。建立这类防火墙应按如下步骤操作：

第 1 步，建立安全策略，写出所允许的和禁止的任务。

第 2 步，将安全策略转化为数据包分组字段的逻辑表达式。

第 3 步，用供货商提供的句法重写逻辑表达式并设置之。

2) 包过滤型防火墙的优缺点

(1) 包过滤型防火墙的优点如下：

● 对于一个小型的、不太复杂的站点，包过滤比较容易实现。

● 因为工作在传输层(TCP 或 UDP)或者网络层(ICMP 或 IP)，所以处理包的速度比代理服务器快。

● 价格便宜。

● 为用户提供了一种透明的服务，用户不需要改变客户端的任何应用程序，也不需要学习任何新的东西。因为过滤路由器工作在传输层或网络层，而与应用层毫不相关，所以，过滤器有时也被称为"包过滤网关"或"透明网关"。之所以被称为网关，是因为包过滤器和传统路由器不同，它涉及了传输层。

● 对流量的管理比较出色。

● 需要管理的开销很少，对屏蔽设备的性能不会产生很大影响。

(2) 包过滤型防火墙的缺点如下：

● 没有用户身份认证机制。

● 在复杂环境中规则表会很大而且复杂，规则很难管理和测试。随着表的增大和复杂性的增加，规则结构出现漏洞的可能性也会增加。

● 依赖一个单一的部件来保护系统。如果这个部件出现了问题，会使得网络大门敞开，而用户可能还不知道。

● 如果外部用户被允许访问内部主机，则外部用户就可以访问内部网上的任何主机。

● 只能阻止一种类型的 IP 欺骗，即可以阻止外部主机伪装内部主机的 IP，而对于外部主机伪装外部主机的 IP 欺骗却不可能阻止，而且它不能防止 DNS 欺骗。

● 仅能在传输层(TCP 或 UDP)或者网络层(ICMP 或 IP)上来检测网络流量，不能决定是否让其上层信息通过，使网络外围设备出现了许多安全漏洞。

虽然，包过滤防火墙有如上所述的缺点，但是在管理良好的小规模网络上，它能够正常地发挥其作用。一般情况下，人们不单独使用包过滤网关，而是将它和其他设备(如堡垒主机等)联合使用。

2. 应用级网关型防火墙

应用级网关就是通常所说的"代理服务器"，它能够检查进出的数据包，通过网关复制传递数据，防止在受信任服务器和客户机与不受信任的主机间直接建立联系。应用级网关能够理解应用层上的协议，能够做复杂的访问控制，并可精细的注册和稽核。

应用级网关防火墙安装在网络应用层上，它在应用层上对信息进行处理，是一种比包过滤防火墙更加安全的防火墙技术。防火墙要支持应用程序，需要提供一个唯一的程序接收客户端应用程序的数据，并且作为中转站将数据发往目标服务器。应用级网关对客户来说是一个服务器，对目标服务器来说是一个客户端，所以它扮演着双重角色。

应用级网关使用软件来转发和过滤特定的应用服务，如 Telnet、FTP 等服务的连接，这是一种代理服务。它只允许有代理的服务通过，也就是说，只有那些被认为"可信赖的"服务才被允许通过防火墙。另外代理服务还可以过滤协议，如过滤 FTP 连接、拒绝使用 FTP 放置命令等。应用级网关具有登记、记录日志、统计和报告的功能，有很好的审计功能和严格的用户认证功能。

1) 应用级网关的工作过程

这种防火墙会对应用程序的数据进行校验以保证其格式可以接受，能够过滤协议，进行身份验证和记录信息。其工作过程是：当客户机需要使用服务器上的数据时，首先将数据请求发给代理服务器，由代理服务器根据这一请求向服务器请求数据，然后再由代理服务器将返回的数据转给客户机。

下面通过实例介绍应用级网关的工作过程。例如，一个公司决定将一个 Telnet 服务器作为主机，以便远程管理员能够对其执行某些特定的操作，该公司使 Telnet 网关对 Internet 可见，但是它隐藏了 Telnet 服务器真实的主机名，使得不受信任的网络不能识别其真实身份，如图 4-5 所示。

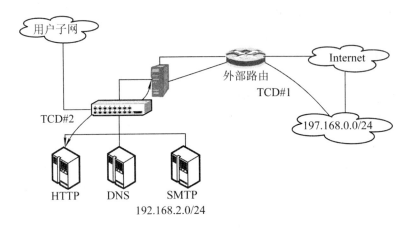

图 4-5　应用级网关的工作过程

下面是它的具体连接过程：

(1) 一用户通过 23 端口连接到这个应用级网关上。应用级网关检测这个连接的源 IP 地址是否在允许访问的源地址列表中，如果在，就允许该连接进行下一步操作；否则，拒绝该连接。

(2) 提示用户进行身份认证。在应用级网关上可以进行集中的身份认证，对记录进行管理和关联操作会比较容易。

(3) 在通过用户身份认证后，系统提示用户或展示给用户一个系统菜单，允许用户与目的主机连接。在连接当中并不是直接连接到目的主机，而是接受应用级网关的连接，应用级网关一般会阻止直接连接到主机的 IP。

(4) 用户选择要连接的系统。这个选择会初始化一个新的从应用级网关到目的主机的 TCP 连接。

(5) 系统可能要求用户再次进行身份认证。

应用级网关禁止 IP 转发，它仅仅对特定允许的应用程序执行代理功能。

2) 应用级网关的优缺点

应用级网关的安全性高，但是要为每种应用提供专门的代理服务程序。应用级网关有较好的访问控制，是目前最安全的防火墙技术，但实现困难，而且有的应用级网关缺乏"透明度"。在实际使用中，用户在受信任的网络上通过防火墙访问 Internet 或 Intranet 时，经常会发现存在延迟并且必须进行多次登录(Login)才能访问的情况。应用级网关会使访问速度变慢，因为它不允许用户直接访问网络，而且应用级网关需要对每一个特定的 Internet

服务安装相应的代理服务软件，用户不能使用未被服务器支持的服务，对每一类服务要使用特殊的客户端软件，但问题是，并非所有的 Internet 应用软件都可以使用代理服务器。

3. 状态数据包检测型防火墙

状态数据包检测型防火墙是最新一代的防火墙技术，一般称作第三代防火墙。这类防火墙检查 IP 包的所有部分来判定是允许还是拒绝请求。状态数据包检测技术检查所有的 OSI 层，因此它提供的安全程度远高于包过滤型防火墙技术。

状态数据包检测(Stateful Packet Inspection，SPI)型防火墙对每一个通过它的数据包都要进行检查，确定这些数据包是否属于一个已经通过防火墙并且正在进行连接的会话，或者基于一组与包过滤规则相似的规则集对数据包进行处理。该防火墙结合了包过滤防火墙、电路级网关和应用级网关的特点，同包过滤防火墙一样，能够在 OSI 网络层上检测通过 IP 地址和端口号，过滤进出的数据包，也像电路级网关一样，检查 SYN、ACK 标记和序列数字是否逻辑有序。当然，它也可像应用级网关一样，在 OSI 应用层上检查数据包的内容，查看这些内容是否符合安全规则。这种防火墙虽然集成了包过滤防火墙、电路级网关和应用级网关的特点，但是不同于应用级网关的是，它并不打破客户机/服务机模式来分析应用层的数据，允许受信任的客户机和不受信任的主机建立直接连接。SPI 防火墙不依靠与应用层有关的代理，而是依靠某种算法来识别进出的应用层数据，这些算法通过已知合法数据包的模式来比较进出数据包，这样从理论上就能比应用级代理在过滤数据包上更有效。

目前在市场上流行的防火墙大多属于 SPI 防火墙，因为该防火墙对于用户透明，在 OSI 最高层上加密数据，不需要修改客户端的程序，也不需要对每个需要在防火墙上运行的服务额外增加一个代理。

1) 状态数据包检测型防火墙的逻辑流程

状态数据包检测型防火墙的逻辑流程如图 4-6 所示。

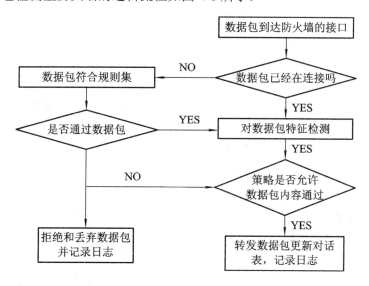

图 4-6　状态数据包检测型防火墙的逻辑流程

从图 4-6 中可以看出状态数据包检测型防火墙的工作原理。数据包到达防火墙的接口时，防火墙判断数据是不是已经在连接，如果是在连接就对数据包进行特征检测，并判断策略是否让防火墙内容通过，如果可以通过的话就转发到目的端口并记录日志，否则就丢掉数据包。这是一个状态检测防火墙工作的过程。

具体描述如下：

(1) SPI 防火墙检查数据包是否是一个已经建立并且正在使用的通信流的一部分。SPI 防火墙要维护一张连接表，其中包括源 IP 地址、目的 IP 地址、源端口号和目的端口号等信息，通过查询正在使用的连接，判断该数据包是否与表中某个连接相匹配。

(2) 如果防火墙包含有数据包使用的协议，就查看数据包的数据部分，根据其内容决定是否转发该数据包。防火墙对数据包检查的内容取决于数据包所使用的协议。

(3) 如果数据包和连接表的各项都不匹配，防火墙就会检查数据包是否与其所配置的规则集匹配。

(4) 当数据包通过源 IP 地址、源端口号、目的 IP 地址、目的端口号、使用的协议和数据内容检查后，防火墙就转发该数据包，并在其连接表中为此次会话创建或者更新一个连接项。防火墙使用该连接项对返回的数据包进行检查。

(5) 防火墙通常检测 TCP 包中的 FIN 位，或者使用计时器来决定何时从连接表中删除某连接项。

2) SPI 的优点

SPI 防火墙具有非常好的安全特性，它使用了一个在网关上执行网络安全策略的软件模块，称之为监测引擎。监测引擎在不影响网络正常运行的前提下，采用抽取有关数据的方法对网络通信的各层实施监测、抽取状态信息，并动态地保存相关信息作为以后执行安全策略的参考。监测引擎支持多种协议和应用程序，并可以很容易地实现应用和服务的扩充。与前两种防火墙不同，当用户访问请求到达网关的操作系统前，状态监视器要抽取有关数据进行分析，结合网络配置和安全规定做出接纳、拒绝、身份认证、报警或给该通信加密等处理动作。这种防火墙的优点是一旦某个访问违反安全规定，就会拒绝该访问，并报告有关状态做日志记录。SPI 防火墙的另一个优点是它会监测无连接状态的远程过程调用(RPC)和用户数据包(UDP)之类的端口信息，而包过滤和应用网关防火墙都不支持此类应用。SPI 防火墙无疑是非常坚固的，但是它会降低网络的速度，而且配置也比较复杂。当然，有关防火墙厂商已注意到这一问题，有些防火墙产品的安全策略规则是通过面向对象的图形用户界面(GUI)来定义的，可简化配置过程。

状态数据包检测与包过滤的区别在于对数据包的检查方式上，这从上面的 SPI 防火墙的工作过程可以看得出来。与包过滤防火墙相比，SPI 防火墙通过维护连接表，可以利用更多的信息来确定是否允许一个数据包通过，从而使试图通过防火墙的可能性大大降低了。此外，SPI 防火墙能够对特定类型的数据包中的数据进行检测。如 FTP 服务器及客户端有很多的安全漏洞，其中一部分是因为不正确的请求和不正确的命令造成的，SPI 防火墙能够通过检测数据包中的数据来判断命令的正确性。

课后习题四

一、选择题

1. 包过滤型防火墙对通过防火墙的数据包进行检查，只有满足条件的数据包才能通过，对数据包的检查内容一般不包括(　　)。

　　A. 源地址　　　B. 目的地址　　C. 协议　　　D. 有效载荷

2. 防火墙对数据包进行状态检测过滤时，不可以进行检测过滤的是(　　)。

　　A. 源和目的 IP 地址　　　B. 源和目的端口　　C. IP 协议号　　D. 数据包中的内容

3. 包过滤型防火墙通过(　　)来确定数据包是否能通过。

　　A. 路由表　　　B. ARP 表　　　C. NAT 表　　　D. 过滤规则

4. 某公司使用包过滤型防火墙控制进出公司局域网的数据，在不考虑使用代理服务器的情况下，下面描述错误的是："该防火墙能够(　　)"。

　　A. 使公司员工只能访问 Intrenet 上与其有业务联系的公司的 IP 地址

　　B. 仅允许 HTTP 协议通过

　　C. 使员工不能直接访问 FTP 服务端口号为 21 的 FTP 服务

　　D. 仅允许公司中具有某些特定 IP 地址的计算机访问外部网络

5. 包过滤依据包的源地址、目的地址、传输协议作为依据来确定数据包是否转发及转发到何处。它不能进行如下(　　)操作。

　　A. 禁止外部网络用户使用 FTP

　　B. 允许所有用户使用 HTTP 浏览 Internet

　　C. 除了管理员可以从外部网络 Telnet 内部网络外，其他用户都不可以

　　D. 只允许某台计算机通过 NNTP 发布新闻

6. 对状态检查技术的优缺点描述有误的是(　　)。

　　A. 采用检测模块监测状态信息　　　　B. 支持多种协议和应用

　　C. 不支持监测 RPC 和 UDP 的端口信息　　D. 配置复杂会降低网络的速度

7. 包过滤技术与代理服务技术相比较(　　)。

　　A. 包过滤技术安全性较弱，但会对网络性能产生明显影响

　　B. 包过滤技术对应用和用户是绝对透明的

　　C. 代理服务技术安全性较高，但不会对网络性能产生明显影响

　　D. 代理服务技术安全性高，对应用和用户透明度也很高

8. 屏蔽路由器型防火墙采用的技术是基于(　　)。

　　A. 数据包过滤技术　　　　B. 应用网关技术

　　C. 代理服务技术　　　　　D. 三种技术的结合

9. 关于屏蔽子网防火墙，下列说法错误的是(　　)。

　　A. 屏蔽子网防火墙是几种防火墙类型中最安全的

　　B. 屏蔽子网防火墙既支持应用级网关也支持电路级网关

C. 内部网对于 Internet 来说是不可见的

D. 内部用户可以不通过 DMZ 直接访问 Internet

10. 网络中一台防火墙被配置来划分 Internet、内部网及 DMZ 区域，这样的防火墙类型为(   )。

    A. 单宿主堡垒主机   B. 双宿主堡垒主机

    C. 三宿主堡垒主机   D. 四宿主堡垒主机

11. 公司的 Web 服务器受到来自某个 IP 地址的黑客反复攻击，你的主管要求你通过防火墙来阻止来自那个地址的所有连接，以保护 Web 服务器，那么你应该选择(   )防火墙。

    A. 包过滤型   B. 应用级网关型   C. 复合型防火墙   D. 代理服务型

二、简答题

1. 请简述包过滤型防火墙的优点和缺点。

2. 请简述双重宿主主机防火墙的体系结构。

3. 防火墙通常具有至少 3 个接口，当使用具有 3 个接口的防火墙时，就至少产生了 3 个网络，请描述这三个网络的特性。

第 5 章 防火墙的设计

5.1 防火墙的设计规则

当构造防火墙设备时，经常要遵循下面两个主要的概念：第一，保持设计的简单性；第二，要计划好一旦防火墙被渗透应该怎么办。

1. 保持设计的简单性

一个黑客渗透系统最常见的方法就是利用安装在堡垒主机上的不被注意的组件。建立你的堡垒主机时要尽可能使用较小的组件，无论硬件还是软件。堡垒主机的建立只需提供防火墙功能。在防火墙主机上不要安装 Web 服务的应用程序。要删除堡垒主机上所有不必需的服务或守护进程。

2. 安排事故安全计划

如果已设计好防火墙性能，并且规定只有通过防火墙才能允许外部网络访问内部网络。当设计防火墙时，安全管理员要对防火墙主机崩溃或危及的情况做出计划。如果仅仅是用一个防火墙设备把内部网络和公网隔离开，那么黑客渗透进防火墙后就会对内部的网络有着完全访问的权限。为了防止这种渗透，要设计几种不同级别的防火墙设备。不要依赖一个单独的防火墙保护单独的网络。如果内部网络安全受到损害，那么防火墙的安全策略要确定该做些什么，采取一些特殊的步骤，包括：

(1) 创建同样的软件备份。

(2) 配置同样的系统并存储到安全的地方。

(3) 确保所有需要安装到防火墙上的软件都容易安装，这包括要有恢复磁盘。

5.2 常见防火墙设计技术

设计网络边界时可采用不同的技术，以提供不同层次的安全、服务和性能。下面是防火墙设计中常见的技术类型，它们可以提供出色的安全服务。

1. 非军事区(DMZ)

非军事区是一段网络，它允许 Internet 流量出入 Intranet，同时能保证 Intranet 的安全。DMZ(Demilitarized Zone)提供了在 Internet 和 Intranet 之间的缓冲。

DMZ 通过使用服务器和第三层设备来防止 Intranet 直接暴露给 Internet，从而提高了安全性。DMZ 中连接的服务器可能包括为内部用户提供 Web 访问的代理服务器，提供安全远程访问的 VPN 服务器，以及邮件服务器和域名服务器等。

除了防火墙本身应用的安全措施之外，在 DMZ 之外的路由器上以及很多时候在连接到 Intranet 的路由器上都要使用安全防御的功能。

2. 堡垒主机

堡垒是指中世纪的城堡中特别加固的部分，作为战略防御的观察哨，堡垒可以发现和抵御攻击者的进攻。在今天的概念中，堡垒主机是指在极其关键的位置上用于安全防御的某个系统。堡垒主机系统就好像是在军事基地上的警卫一样。警卫必须检查每个人的身份来确定他们是否可以进入基地以及可以访问基地中的什么地方，警卫还经常准备好强制阻止进入。同样，堡垒主机系统必须检查所有进入的流量并强制执行在安全策略里所指定的规则，它们还必须准备好应对，来自外部和内部的攻击的资源。堡垒主机系统还有日志记录及警报的特性来阻止攻击，有时检测到一个威胁时也会采取行动。对于此系统的安全要给予额外关注，还要有例行的审计和安全检查。如果攻击者要攻击内部网络，那他们只能攻击到这台堡垒主机。

堡垒主机可以是三种防火墙中的任一种类型：包过滤型、应用级网关型和状态数据包检测型。通常人们使用经过加固的且没有 IP 转发的系统作为 Internet 和 Intranet 间的堡垒主机。Internet 和 Intranet 都可以对堡垒主机的数据进行访问，但这两个网络从来不能直接交换数据。可以在堡垒主机上放置和更新认证 Web 服务，此时堡垒主机会阻止从 Internet 到 Intranet 的网络访问。当创建堡垒主机时，要记住它是在防火墙策略中起作用的。识别堡垒主机的任务可以帮助决定需要什么和如何配置这些设备。

下面将讨论四种常见的堡垒主机类型。这些类型不是单独存在的，且多数防火墙都属于这四类中的一种。

(1) 单宿主堡垒主机。单宿主堡垒主机是有一块网卡的防火墙设备。单宿主堡垒主机通常用于应用级网关防火墙。外部路由器配置把所有进来的数据发送到堡垒主机上，并且所有内部客户端配置成所有出去的数据都发送到这台堡垒主机上。然后堡垒主机以安全方针作为依据检验这些数据。这种类型的防火墙的主要缺点就是可以重新配置路由器使信息直接进入内部网络，而完全绕过堡垒主机。还有，用户可以重新配置他们的机器绕过堡垒主机把信息直接发送到路由器上。

(2) 双宿主堡垒主机。双宿主堡垒主机结构是围绕着至少具有两块网卡的双宿主主机构成的。双宿主主机内外的网络均可与双宿主主机实施通信，但内外网络之间不可直接通信，内外部网络之间的数据流被双宿主主机完全切断。双宿主主机可以通过代理或让用户直接在其上面注册来提供很高程度的网络控制。它采用主机取代路由器执行安全控制功能，故类似于包过滤防火墙。双宿主主机即一台配有多个网络接口的主机，它可以用来在内部网络和外部网络之间进行寻址。当一个黑客想要访问内部网络的设备时，就必须先要攻破双宿主堡垒主机，这就有足够的时间做出反应和阻止这种安全侵入。

(3) 单目的堡垒主机。单目的堡垒主机既可是单堡垒也可是多堡垒主机。通常，根据公司的改变，需要新的应用程序和技术，而这些新的技术通常不能被测试并成为主要的安全突破口，所以要为这些需要创建特定的堡垒主机。在上面安装未测试过的应用程序和服务不能危及防火墙设备。使用单目的堡垒主机允许强制执行更严格的安全机制。比如：某个公司可能决定实施一个新类型的流程序，假设公司的安全策略需要所有进出的流量都要通过一个代理服务器送出，那么要为这个流程序单独地创建一个新的代理服务器。在这个新的代理服务器上，要实施用户认证和拒绝 IP 地址。使用这个单独的代理服务器，不能危害到当前的安全配置，并且可以实施更严格的安全机制，如认证机制。

(4) 内部堡垒主机。内部堡垒主机是标准的单堡垒或多堡垒主机，存在于公司的内部网络中。它们一般用作应用级网关接收所有从外部堡垒主机进来的流量；当外部防火墙设备受到损害时，内部堡垒主机可以提供额外的安全级别。所有内部网络设备都要配置成通过内部堡垒主机通信，这样，当外部堡垒主机受到损害时不会造成影响。

3. 过滤网关

"过滤网关"是一个起防火墙作用的路由器，它通过选择 TCP 和 UDP 端口来进行流量的过滤，很多情况下它也阻止 ICMP 包。被阻止的来自 Internet 的访问主要集中于那些危险性很高的服务。过滤网关是一种非常常用的防止访问 Intranet 的方法。传统的防火墙通过在 OSI 的更高层增加屏蔽网络流量的方式拓展了过滤网关的概念。

5.3 常见防火墙的设计

常见防火墙的设计有四种，这四种设计都提供一个确定的安全级别，其中一个简单的规则就是越敏感的数据就要采取越广泛的防火墙策略。这四种防火墙的实施都是建立一个过滤的矩阵，能够执行和保护信息的点。这四种设计选择是筛选路由器、单宿主堡垒主机、双宿主堡垒主机和筛选子网。

筛选路由器的选择是最简单的，因此也是最常见的，大多数公司至少使用一个筛选路由器作为解决方案。用于创建筛选主机防火墙的两个选择是单宿主堡垒主机和双宿主堡垒主机。不管是电路级还是应用级网关的配置，都要求所有的流量通过堡垒主机。最后一个常用的方法是筛选子网防火墙，即利用额外的包过滤路由器来达到另一个安全级别。

在企业组织中，常常有两个不同的防火墙：外围防火墙和内部防火墙。虽然这些防火墙的任务相似，但是它们有不同的侧重点，外围防火墙主要提供对不受信任的外部用户的限制，而内部防火墙主要防止外部用户访问内部网络并且限制内部用户可以执行的操作。

5.4 防火墙实施方式

5.4.1 基于网络主机的防火墙

防火墙销售商在现有的服务器硬件平台上使用两种方法来部署防火墙软件。从严格意义上讲，第一种部署方法只是一种应用程序。这种部署防火墙的方法以用户现有的平台为基础。典型的部署方法就是将防火墙作为一个在商业操作系统之上运行的应用程序。虽然大多数的操作系统都至少支持一个防火墙应用程序，但最常见的支持防火墙的操作系统还是 Windows NT/2000、Sun Solaris 和 HPUX。这几种操作系统都支持 4 种技术：包过滤、应用级网关、电路级网关和状态包检测。

在操作系统上运行防火墙的先决条件就是要保证操作系统本身是安全的。这一过程叫做操作系统的"加固"，它能够对任何暴露于不受信任网络前的系统进行"加固"。虽然对每一种操作系统进行"加固"超过了本书的讲述范围，但是在这个话题上还是有很多书可以参考的。在所有情况下，防火墙主机都应该遵循公司的标准和安全策略，这些文件包括对所有资源都有效的安全原则。

绝大多数运行在商业操作系统之上的防火墙程序都采取了一些额外的步骤来增强主机的安全性。这些步骤包括使用专有的或加固的守护进程代替操作系统的某些网络守护进程，取代或者修改 TCP/IP 协议栈，修改启动文件、配置文件和注册表条目，添加新的处理功能等。第二种部署方法不是在现有的操作系统之上进行的，而是整合成操作系统的一部分。

5.4.2　基于路由器的防火墙

由于多数路由器本身就包含有分组过滤功能，故网络访问控制可能通过链路控制来实现，从而使具有分组过滤功能的路由器成为第一代防火墙产品。路由器通常可以再细分成为 Internet 连接设计的低端设备和高端传统路由器。低端路由器提供了阻止和允许特定的 IP 地址和端口号的基本防火墙功能，以及使用 NAT 来隐藏内部 IP 地址的功能。它们经常提供防火墙功能作为阻止来自 Internet 入侵的标准和最佳选择。虽然它们不需要配置，但是进行进一步配置可以优化它们。高端路由器可以配置为通过阻挡更显而易见的入侵(如 Ping 操作)以及使用 ACL 实现其他 IP 地址和端口限制来限制访问。其他防火墙功能(在某些路由器中提供监控状态的数据包筛选)可能可用。在高端路由器中，防火墙功能与硬件防火墙设备的功能类似，但是成本更低，而且吞吐量也更低。

基于路由器的防火墙产品的特点如下：

(1) 利用路由器本身对分组的解析，以访问控制表(Access Control List)的方式实现对分组的过滤。

(2) 过滤判断的依据可以是地址、端口号、IP 旗标以及其他网络特征。

(3) 只有分组过滤的功能，且防火墙与路由器是一体的。这样，对安全要求低的网络可以采用路由器附带防火墙功能的方法，而对安全性要求高的网络则需要单独利用一台路由器作为防火墙。

基于路由器的防火墙产品的不足之处十分明显，具体表现为：

(1) 路由协议十分灵活，本身具有安全漏洞，外部网络要探寻内部网络十分容易。例如，在使用 FTP 协议时，外部服务器容易从 20 号端口上与内部网相连，即使在路由器上设置了过滤规则，内部网络的 20 号端口仍可以由外部探寻。

(2) 路由器上分组过滤规则的设置和配置存在安全隐患。对路由器中过滤规则的设置和配置十分复杂，它涉及规则的逻辑一致性、作用端口的有效性和规则集的正确性。一般的网络系统管理员难于胜任，加之一旦出现新的协议，管理员就得加上更多的规则去限制，因而往往会带来很多错误。

(3) 路由器防火墙的最大隐患是：攻击者可以"假冒"地址。由于信息在网络上是以明文方式传送的，因此黑客(Hacker)可以在网络上伪造假的路由信息欺骗防火墙。

(4) 路由器防火墙的本质缺陷是：由于路由器的主要功能是为网络访问提供动态的、灵活的路由，而防火墙则要对访问行为实施静态的、固定的控制，这是一对难以调和的矛盾，防火墙的规则设置会大大降低路由器的性能。

可以说基于路由器的防火墙技术只是网络安全的一种应急措施，用这种权宜之计去对付黑客的攻击是十分危险的。但是，几乎在所有的安全体系结构中，路由器都位于安全防护的第一线，而且经常可以代替防火墙使用，尤其是在小规模网络中。小规模网络安装防火墙的原因就是价格问题，由于网络规模小，所以要设置一台独立的安全设备并且对其进行独立的管理显得很不经济。

近年来，基于路由器的防火墙设备的包过滤能力，特别是在功能上和易于使用性上已经有了很大的提高。它的某些功能甚至已经不再局限于包过滤了。随着路由器软件的不安全因素的改善，路由器上的安全功能也随之增强。

在一个全面安全体系结构中，路由器经常作为屏蔽设备使用。它执行基本的包过滤功能，使得 SPI 防火墙或者应用级防火墙的下行负载有所降低。这种做法优化了防火墙和路由器的体系结构，因为路由器只执行简单的包检查功能，而拥有强大功能的防火墙则对能够通过路由器的数据包进行检查。

5.4.3　基于单个主机的防火墙

这种防火墙通常是安装在单个系统上的一种软件，它只保护这个系统不受侵害。如果只有一两台主机连接到不受信任的网络(如 Internet)上的话，那么在主机上安装这种防火墙就很经济。一般来说，基于单个主机的防火墙适用于规模很小的办公室或者家庭，在这些地方一般只有一到五台主机。

在一个公司中，如果有成百上千或者成千上万的主机需要保护，这种基于单个主机的防火墙就不能提供任何集中式的管理和测量。在家庭网络中，最终用户所使用的基于单个主机的防火墙现在正由一些公司进行标准化，对于宽带连接来说，这一点很重要。

5.4.4　硬件防火墙

硬件防火墙是指把防火墙程序做到芯片里面，由硬件执行这些功能，能减少 CPU 的负担，使路由更稳定。通常，硬件防火墙的性能要强于软件防火墙，并且连接、使用比较方便。硬件防火墙采用专用的硬件设备，然后集成了生产厂商的专用防火墙软件。从功能上看，硬件防火墙内建安全软件，使用专属或强化的操作系统，管理方便，更换容易，软硬件搭配较固定。硬件防火墙效率高，解决了防火墙效率与性能之间的矛盾，可以达到线性。防火墙产品的性能应该说是选购硬件防火墙时最被重视的一个方面，而性能差距的核心主要是防火墙处理数据包的能力，主要的衡量指标包括吞吐率、转发率、丢包率、缓冲能力和延迟等。通过这些参数的对比可以了解一款硬件防火墙产品的硬件性能，这方面的数据不能完全参照厂商所标称的数据，应该同时多参照一些第三方的防火墙性能评测报告。另外，防火墙在包处理时采用的算法等因素也会在很大程度上影响防火墙在实际使用中的性能表现。例如，关注在配置了大量访问规则之后防火墙的性能是否有较大下降，就可以从侧面分析出该产品的算法设计是否优秀。

硬件防火墙是保障内部网络安全的一道重要屏障。它本身的安全和稳定，直接关系到整个内部网络的安全。因此，日常例行的检查对于保证硬件防火墙的安全是非常重要的。系统中存在很多隐患和故障，它们在暴发前都会出现这样或那样的苗头，例行检查的任务就是要发现这些安全隐患，并尽可能将问题定位，方便问题的解决。一般来说，硬件防火墙的例行检查主要针对以下六方面的内容。

1. 硬件防火墙的配置文件

不管在安装硬件防火墙的时候考虑得有多么全面和严密，一旦硬件防火墙投入到实际使用环境中，情况随时都在发生改变。硬件防火墙的规则总会不断地变化和调整着，配置参数也会时常有所改变。作为网络安全管理人员，最好能够编写一套修改防火墙配置和规则的安全策略，并严格实施。所涉及的硬件防火墙配置，最好能详细到类似哪些流量被允许、哪些服务要用到代理这样的细节。

在安全策略中，要写明修改硬件防火墙配置的步骤，如哪些授权需要修改、谁能进行这样的修改、什么时候才能进行修改、如何记录这些修改等。安全策略还应该写明责任的划分，如某人具体做修改、另一人负责记录、第三个人来检查和测试修改后的设置是否正确。详尽的安全策略应该保证硬件防火墙配置的修改工作程序化，并能尽量避免因修改配置所造成的错误和安全漏洞。

2. 硬件防火墙的磁盘使用情况

如果在硬件防火墙上保留日志记录，那么检查硬件防火墙的磁盘使用情况是一件很重要的事情。如果不保留日志记录，那么检查硬件防火墙的磁盘使用情况就变得更加重要了。保留日志记录的情况下，磁盘占用量的异常增长很可能表明日志清除过程存在问题，这种情况相对来说还好处理一些。在不保留日志的情况下，如果磁盘占用量异常增长，则说明硬件防火墙有可能是被人安装了 Rootkit 工具，已经被人攻破。

因此，网络安全管理人员首先需要了解在正常情况下，防火墙的磁盘占用情况，并以此为依据，设定一个检查基线。硬件防火墙的磁盘占用量一旦超过这个基线，就意味着系统遇到了安全或其他方面的问题，需要进一步的检查。

3. 硬件防火墙的 CPU 负载

和磁盘使用情况类似，CPU 负载也是判断硬件防火墙系统运行是否正常的一个重要指标。作为安全管理人员，必须了解硬件防火墙系统 CPU 负载的正常值是多少，过低的负载值不一定表示一切正常，但出现过高的负载值则说明防火墙系统肯定出现问题了。过高的 CPU 负载很可能是硬件防火墙遭到 DoS 攻击或外部网络连接断开等问题造成的。

4. 硬件防火墙系统的精灵程序

每台防火墙在正常运行的情况下，都有一组精灵程序(Daemon)，比如名字服务程序、系统日志程序、网络分发程序或认证程序等。在例行检查中必须检查这些程序是不是都在运行，如果发现某些精灵程序没有运行，则需要进一步检查是什么原因导致这些精灵程序不运行，还有哪些精灵程序还在运行中。

5. 系统文件

关键的系统文件的改变不外乎三种情况：管理人员有目的、有计划地进行修改，比如计划中的系统升级所造成的修改；管理人员偶尔对系统文件进行的修改；攻击者对文件的修改。

经常性地检查系统文件，并查看对系统文件的修改记录，可及时发现防火墙所遭到的攻击。此外，还应该强调一下，最好在硬件防火墙配置策略的修改中包含对系统文件修改的记录。

6. 异常日志

硬件防火墙日志记录了所有允许或拒绝的通信的信息，是主要的硬件防火墙运行状况的信息来源。由于该日志的数据量庞大，所以，检查异常日志通常应该是一个自动进行的过程。当然，什么样的事件是异常事件，这需要由管理员来确定，只有管理员定义了异常事件并进行记录，硬件防火墙才会保留相应的日志备查。

上述六个方面的例行检查也许并不能立刻检查到硬件防火墙可能遇到的所有问题和隐患，但持之以恒地检查对于硬件防火墙稳定可靠地运行是非常重要的。如果有必要，管理员还可以用数据包扫描程序来确认硬件防火墙配置的正确与否，甚至可以更进一步地采用漏洞扫描程序来进行模拟攻击，以考核硬件防火墙的能力。

建议在下列情况下使用硬件防火墙：

(1) 用户需要让多台电脑连接互联网。

(2) 用户需要和主办公室之间安全连接。

(3) 客户是一个办事处/分支机构。

(4) 一家需要托管电子邮件和 Web 服务器的公司。

课后习题五

一、多项选择题

1. 设计防火墙时要遵循简单性原则，具体措施包括(　　)。

    A. 在防火墙上禁止运行其他应用程序　　B. 停用不需要的组件

    C. 将流量限制在尽量少的点上　　D. 安装运行 Web 服务器程序

2. 防火墙技术根据防范的方式和侧重点的不同，可分为(　　)。

    A. 嵌入式防火墙　　B. 包过滤型防火墙

    C. 应用级网关　　D. 代理服务型防火墙

3. 防火墙的经典体系结构主要有(ABD)形式。

    A. 被屏蔽子网体系结构　　B. 被屏蔽主机体系结构

    C. 单宿主主机体系结构　　D. 双重宿主主机体系结构

4. 基于路由器的防火墙使用访问控制表实现过滤，它的缺点有(　　)。

    A. 路由器本身具有安全漏洞

    B. 分组过滤规则的设置和配置存在安全隐患

    C. 无法防范"假冒"的地址

    D. 对访问行为实施静态、固定的控制与路由器的动态、灵活的路由矛盾

5. 以下能提高防火墙物理安全性的措施包括(　　　)。

    A. 将防火墙放置在上锁的机柜   B. 为放置防火墙的机房配置空调及 UPS 电源

    C. 制定机房人员进出管理制度   D. 设置管理账户的强密码

6. 在防火墙的"访问控制"应用中，内网、外网、DMZ 三者的访问关系为(　　　)。

    A. 内网可以访问外网   B. 内网可以访问 DMZ 区

    C. DMZ 区可以访问内网   D. 外网可以访问 DMZ 区

7. 防火墙对于一个内部网络来说非常重要，它的功能包括(　　　)。

    A. 创建阻塞点   B. 记录 Internet 活动   C. 限制网络暴露   D. 包过滤

8. 以下说法正确的有(　　　)。

    A. 只有一块网卡的防火墙设备称为单宿主堡垒主机

    B. 双宿主堡垒主机可以从物理上将内网和外网进行隔离

    C. 三宿主堡垒主机可以建立 DMZ 区

    D. 单宿主堡垒主机可以配置为物理隔离内网和外网

9. 在代理服务中，有许多不同类型的代理服务方式，以下描述正确的是(　　　)。

    A. 应用级网关   B. 电路级网关   C.公共代理服务器   D.专用代理服务器

10. 应用级代理网关相比包过滤技术具有的优点有(　　　)。

    A. 提供可靠的用户认证和详细的注册信息

    B. 便于审计和记录日志

    C. 隐藏内部 IP 地址

    D. 应用级网关安全性能较好，可防范操作系统和应用层的各种安全漏洞

11. 代理技术的实现分为服务器端实现和客户端实现两部分，以下实现方法正确的是

(　　　)。

    A. 在服务器上使用相应的代理服务器软件

    B. 在服务器上定制服务过程

    C. 在客户端上定制客户软件

    D. 在客户端上定制客户过程

12. 以下关于防火墙的设计原则说法正确的是(　　　)。

    A. 不单单要提供防火墙的功能，还要尽量使用较大的组件

    B. 保持设计的简单性

    C. 保留尽可能多的服务和守护进程，从而能提供更多的网络服务

    D. 一套防火墙就可以保护全部的网络

二、简答题

1. 简述防火墙的设计原则。

2. 简述常见的防火墙实施方法及其优缺点。

3. 简述常见的防火墙设计。

第6章　防火墙技术的发展

第一代防火墙技术几乎与路由器同时出现，采用了包过滤(Packet Filter)技术。防火墙技术的简单发展历史如图 6-1 所示。

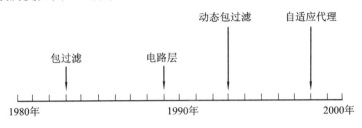

图 6-1　防火墙技术的简单发展历史

1989 年，贝尔实验室的 Dave Presotto 和 Howard Trickey 推出了第二代防火墙，即电路层防火墙，同时提出了第三代防火墙——应用层防火墙(代理防火墙)的初步结构。

1992 年，USC 信息科学院的 Bob Braden 开发出了基于动态包过滤(Dynamic Packet Filter)技术的第四代防火墙，后来演变为目前所说的状态监视(Stateful Inspection)技术。1994 年，以色列的 Check Point 公司开发出了第一个采用这种技术的商业化的产品。

1998 年，NAI 公司推出了一种自适应代理(Adaptive proxy)技术，并在其产品 Gauntlet Firewall for NT 中得以实现，给代理类型的防火墙赋予了全新的意义，可以称之为第五代防火墙。

尽管防火墙技术的发展经过了上述的几代，但是按照防火墙技术对内外来往数据的处理方法，大致可以将防火墙分为两大体系：包过滤防火墙和代理防火墙(应用层防火墙)。前者以以色列的 Check Point 防火墙和 Cisco 公司的 PIX 防火墙为代表，后者以美国 NAI 公司的 Gauntlet 防火墙为代表。

防火墙作为维护网络安全的关键设备，在目前采用的网络安全的防范体系中占据着举足轻重的地位。伴随着计算机技术的发展和网络应用的普及，越来越多的企业与个体都遭遇到不同程度的安全难题。因此市场对防火墙的设备需求和技术要求都在不断提升，而且越来越严峻的网络安全问题也要求防火墙技术有更快的提高，否则将会在面对新一轮入侵手法时束手无策。

多功能、高安全性的防火墙可以让用户网络更加无忧，但前提是要确保网络的运行效率，因此在防火墙技术的发展过程中，必须始终将高性能放在主要位置。目前各大厂商正在朝着这个方向努力，而且丰富的产品功能也是用户选择防火墙的依据之一。一款完善的防火墙产品，应该包含访问控制、网络地址转换、代理、认证、日志审计等基础功能，并拥有自己特色的安全相关技术，如规则简化方案等。

课后习题六

一、选择题

1. 未来的防火墙产品与技术应用有(　　)特点。
   A. 防火墙从远程上网集中管理向对内部网或子网管理发展
   B. 单向防火墙作为一种产品门类出现
   C. 利用防火墙建 VPN 成为主流
   D. 过滤深度向 URL 过滤、内容过滤、病毒清除的方向发展

2. 根据美国联邦调查局的评估，80%的攻击和入侵来自(　　)。
   A. 接入网　　　　B. 企业内部网　　　　C. 公用 IP 网　　　　D. 个人网

3. 下面(　　)是个人防火墙的优点。
   A. 运行时占用资源　　　　　　　　　　B. 对公共网络只有一个物理接口
   C. 只能保护单机，不能保护网络系统　　D. 增加保护级别

4. 计算机网络安全体系结构是指(　　)。
   A. 网络安全基本问题应对措施的集合　　B. 各种网络协议的集合
   C. 网络层次结构与各层协议的集合　　　D. 网络的层次结构的总称

5. 关于防火墙技术的描述中，正确的是(　　)。
   A. 防火墙不能支持网络地址转换
   B. 防火墙可以布置在企业内部网和 Internet 之间
   C. 防火墙可以查杀各种病毒
   D. 防火墙可以过滤各种垃圾文件

二、简答题

1. 简述防火墙技术发展趋势。
2. 简述防火墙技术的各个发展阶段。

应用实践篇

　　随着信息技术尤其是现代网络技术的快速发展，企事业及学校等单位网络安全意识的不断增强，硬件防火墙等设备已经越来越多地应用在网络管理层，发挥着保护局域网网络安全的功能。防火墙可以面向局域网内网用户发挥DHCP等网络服务器的功能，对用户上网的信息进行过滤控制，保证用户访问广域网的安全。用户通过在硬件防火墙上进行配置，实现局域网与广域网的访问控制；还可以通过建立VPN虚拟专用网等高级模式来实现对单位内网的安全访问，使防火墙在整个网络安全系统中发挥安全卫士的功能。本篇针对防火墙的实际应用层面，从用户网络安全需求分析入手，提供防火墙安全实现方法、部署及解决方案。

项目 1 配置防火墙基本环境

✎ 学习目标

- ♦ 了解防火墙系统构架的功能。
- ♦ 能够选择配置环境。
- ♦ 能够搭建配置环境。

任务 1-1 使用 CLI 方式配置防火墙基本环境

📖 知识导入

什么是 CLI 方式

CLI 是 Command Line Interface 的缩写，即命令行界面。CLI 是为所有路由器、TM(Termination Multiplexer，终端复用器)、CM(Cable Modem，电缆调制解调器)等产品提供的界面，如 CISCO、LUCENT、Arris、华为、神州数码等。

💻 案例及分析

某企业要在网络上放置一台防火墙用来控制内网网段 192.168.1.0/24 到外网网段 218.240.143.0/29 的访问，要求采用 CLI 方式进行防火墙的基本环境配置，具体要求如下：

(1) 内网接口 ethernet0/0，其接口地址为 192.168.1.1/24，具有管理 HTTP 和 PING 权限；

(2) 外网接口 ehternet0/1，其接口地址为 218.240.143.1/29，具有管理 HTTP 和 PING 权限；

(3) 可以实现内网访问外网。

📃 分析内容

本任务要求采用 CLI 方式对防火墙进行基本环境的配置，需要知道防火墙的接口地址、安全域及接口属性等信息，根据内外网段地址范围，可以确定防火墙内外网接口地址。要完成以上任务需求，需要配置以下五项：

(1) 进入接口配置。

第一步：进入执行模式。由于是对接口进行配置操作，因此先输入 enable 命令，进入到配置模式：

- DCFW-1800 #

第二步：进入全局配置模式。输入 configure，进入全局配置模式：

- DCFW-1800(config)#

第三步：进入接口配置模式。输入 interface ethernet0/0，进入 ethernet0/0 接口配置模式：

- DCFW-1800(config)# interface ethernet0/0

(2) 接口 ethernet0/0 属性配置。

第一步：绑定接口安全域。将接口 ethernet0/0 绑定到安全域 trust：

- DCFW-1800(config-if-eth0/0)# zone trust

第二步：设置接口 IP 地址。使用 IP address 命令设置 ethernet0/0 的 IP 地址和子网掩码：

- DCFW-1800(config-if-eth0/0)# IP address 192.168.1.1/24

第三步：设置接口管理权限。使用 manage 命令为内网接口 ethernet0/0 设置管理权限：

- DCFW-1800(config-if-eth0/0)# manage http
- DCFW-1800(config-if-eth0/0)# manage ping

第四步：退出接口配置。使用 exit 命令退出 ethernet0/0 接口配置：

- DCFW-1800(config-if-eth0/0)# exit

(3) 接口 ethernet0/1 属性配置。

第一步：重新进入新接口配置模式。输入 interface ethernet0/1，进入 ethernet0/1 接口配置模式：

- DCFW-1800(config)# interface ethernet0/1

第二步：绑定接口安全域。将接口 ethernet0/1 绑定到安全域 untrust：

- DCFW-1800(config-if-eth0/1)# zone untrust

第三步：设置接口 IP 地址。使用 IP address 命令设置 ethernet0/1 的 IP 地址和子网掩码：

- DCFW-1800(config-if-eth0/1)# IP address 218.240.143.1/29

第四步：设置接口管理权限。使用 manage 命令为内网接口 ethernet0/1 设置管理权限：

- DCFW-1800(config-if-eth0/1)# manage http
- DCFW-1800(config-if-eth0/1)# manage ping

第五步：退出接口配置。使用 exit 命令退出 ethernet0/1 接口配置：

- DCFW-1800(config-if-eth0/1)# exit

第六步：退出执行模式。使用 exit 命令退出：

- DCFW-1800(config)# exit

(4) 默认路由配置。

第一步：进入默认路由配置模式。使用 IP vrouter 进入路由配置模式：

- DCFW-1800(config)# IP vrouter trust-vr

第二步：配置目的路由。使用 IP route 配置目的路由并退出：

- DCFW-1800(config-vrouter)# IP route 0.0.0.0/0 218.240.143.217
- DCFW-1800(config-vrouter)# exit

(5) 策略配置。

第一步：指明安全域。使用 policy 指明从内网安全域到外网安全域：

- DCFW-1800(config)# policy from trust to untrsut

第二步：部署策略。使用 rule 部署策略并退出：

- DCFW-1800(config-policy)# rule from any to any service any permit
- DCFW-1800(config-policy)# exit
- DCFW-1800 #

☺ 相关知识

1. 使用 CLI 进行用户管理接口配置

用户管理接口有两种类型，支持本地与远程两种环境配置方法，其中一种就是使用 CLI 命令方式进行配置。用户使用 CLI 方式进行配置时，防火墙设备支持 CLI、Telnet、SSH、HTTP、HTTPS 管理方式。

- CLI：Console connection (安全)。
- Telnet：TCP/IP port 23。
- SSH：密文传输 TCP22。
- HTTP：port 80 (缺省 TCP80，可以修改)。
- HTTPS：port443 (可以修改)。

在使用 CLI 登录方式时，用户可以将 Console 线插入 Console 接口中，插线方式如图 S1-1 所示：

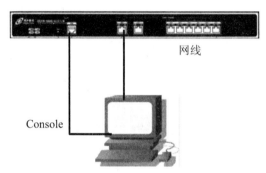

图 S1-1 CLI 方式

用户将 Console 线连接好后，就可以进行 CLI 参数配置，具体参数如表 S1-1 所示。

表 S1-1 CLI 命令配置参数

参数	数值
波特率	9600b/s
数据位	8
停止位	1
校验/流控	无

按照上述参数配置连接好设备后，用户可以使用命令进行登录，用户名：admin，密码：admin。

2. CLI 配置的几种模式

(1) 命令模式和提示符。防火墙操作系统命令模式有不同级别的命令模式，一些命令只有在特定的命令模式下才可使用。例如，只有在相应的配置模式下，才可以输入命令并执行配置，这样也可以防止意外操作破坏已有的配置。不同的命令模式都有其相应的 CLI 提示符。

(2) 执行模式。用户进入 CLI 命令模式时，该模式是执行模式，允许用户使用其权限级别允许的所有的配置选项。执行模式的提示符如下所示(包含符号#)：

hostname#

(3) 全局配置模式。全局配置模式允许用户修改安全网关的配置参数。用户在执行模式下，输入 configure 命令，即可进入全局配置模式。进入全局配置模式的提示符如下所示：

hostname(config)#

(4) 子模块配置模式。安全网关的不同模块功能需要在其对应的命令行子模块模式下进行配置。用户在全局配置模式下，输入特定的命令可以进入相应的子模块配置模式。例如，运行 interface ethernet0/0 命令进入 ethernet0/0 接口配置模式，此时的提示符变更为：

hostname(config-if-eth0/0)#

那么上述四种模式之间，如何使用 CLI 命令实现不同模式之间的切换呢？用户登录到安全网关就进入到 CLI 的执行模式。用户可以通过不同的命令在各种命令模式之间进行切换，切换命令如表 S1-2 所示。

表 S1-2　CLI 模式切换命令

模　　式	命　　令
执行模式到全局配置模式	configure
全局配置模式到子模块配置模式	不同功能使用不同的命令进入各自的命令配置模式
退回到上一级命令模式	exit
从任何模式退回到执行模式	end

3. 使用 show 命令查看状态

在 CLI 模式配置下，用户可以通过 show 命令查看接口状态信息和设备状态信息，具体如下：

● 查看接口状态信息：

DCFW-1800# show interface

H:physical state;A:admin state;L:link state;P:protocol state;U:up;D:down

Interface name	IP address/mask	Zone name	H A L P MAC address
ethernet0/0	192.168.1.1/24	trust	U U U U 001c.540b.4d00
ethernet0/1	218.240.143.219/29	untrust	U U U U 001c.540b.4d01

● 查看设备状态信息：

在 CLI 下，show 命令用来提供状态查询，常见 show 命令如下：

-show interface*[interface-name]*

************** 查看接口 **************

-show zone*[zone-name]*

************** 查看安全域 **************

-show IP route

************＊ 查看路由 ************＊

-show policy

************＊ 查看策略 ************＊

-show config

************＊ 查看命令配置 ************＊

-show ?

************＊ 查看可用命令 ************＊

举例如下：

DCFW-1800# show tech-support

************＊ show version ************＊

DigitalChina DCFOS software, Version 4.0

Copyright (c) 2001-2010 by DigitalChina Networks Limited.

Product name: DCFW-1800S-L-V3 S/N: 0802049090018950 Assembly number: B056

Boot file is DCFOS-4.0R4.bin from flash

Built by buildmaster2 2010/06/08 10:58:01

Uptime is 2 days 23 hours 6 minutes 37 seconds

System language is "zh_CN"

4. 命令行错误信息提示

DCFOS CLI 具有命令语法检查功能，只有通过了 CLI 语法检查的命令才能够正确执行。对于不能通过 CLI 语法检查的命令，DCFOS 会输出错误提示信息。常见的错误提示信息如表 S1-3 所示：

表 S1-3　命令行常见错误信息

提示信息	描　　述
Unrecognized command	DCFOS 找不到输入的命令或者关键字
	输入的参数类型错误
	输入的参数值越界
Incomplete command	输入的命令不完整
Ambiguous command	输入的参数不明确

5. 恢复出厂设置

如果用户误操作了，可以使用命令将设备恢复到出厂配置，具体 CLI 命令如下：

- unset all

注意：该命令将安全网关恢复到出厂配置后，所有已做配置都将会被清除，建议谨慎使用该功能。

思考

(1) 如何通过 Console 口对安全网关进行设备管理？

(2) 命令行下，如何配置接口 IP 地址？

任务 1-2　使用 WebUI 方式配置防火墙基本环境

📖 **知识导入**

WebUI 是什么方式

WebUI 是网络用户界面(Website User Interface)的意思，设计范围包括常见的网站设计(如电商网站、社交网站)、网络软件设计(如邮箱、Saas 产品)以及防火墙、网络攻防平台设备界面配置等。

💻 **案例及分析**

某企业要在网络上放置一台防火墙用来控制内网网段 192.168.2.0/24 到外网网段222.1.1.0/24 的访问。要求采用 WebUI 方式进行防火墙的基本环境配置。

📄 **分析内容**

本任务要求采用界面方式对防火墙进行基本环境的配置，需要知道防火墙的配置地址、配置端口和内外网接口的各个属性设置。根据内外网段，可以确定防火墙内外网接口地址如下：

(1) 内网接口为 ethernet0/1，IP 为 192.168.2.1/24；

(2) 外网接口为 ethernet0/2，IP 为 222.1.1.2/24。

操作步骤如下：

(1) 通过防火墙配置端口 ethernet0/0 的端口地址 192.168.1.1 登录到防火墙配置界面。注意配置主机的 IP 要与防火墙配置端口保持同网段，即 192.168.1.x，这里 x 为 2～255 之间的数字。防火墙登录界面如图 S2-1 所示。

图 S1-2　防火墙 WebUI 登录界面

在这里，192.168.1.1 为防火墙的默认登录地址，在出厂的时候已经设定好。一般情况下我们选择默认地址进行登录。在用户名和密码栏目中输入缺省用户名 admin 和密码admin，选择语言"中文"，点击登录，即进入防火墙配置界面。

(2) 配置内网接口。登录防火墙打开网络选项卡，选择接口菜单，点击需配置接口右侧的编辑按钮。在接口配置界面中选择安全域类型。接口有三种类型，第一种类型是三层安全域，可以设置具有接口 IP 和安全域属性的安全域类型；第二种类型是二层安全域，不能设置接口 IP，仅指明接口安全域属性；第三种类型是无绑定安全域，可以用来释放接口。防火墙中安全域默认选项有：trust(内网安全域)、untrust(外网安全域)、dmz(隔离区，一般用于放置一些必须公开的服务器，如 Web 服务器、FTP 服务器等)、l2-trust(二层安全域中的内网安全域)、l2-untrust(二层安全域中的外网安全域)、12-dmz(二层安全域中的隔离区)等。这里 ethernet0/1 接口为内网接口，具有明确的接口地址，其接口 IP 地址及子网掩码为 192.168.2.1/24，因此在接口属性配置中，选择三层安全域类型，安全域选择内网 trust，在 IP/网络掩码中输入其对应的 IP 地址及子网掩码：192.168.2.1/24。配置内网接口 ethernet0/1 的操作界面如图 S1-3 所示。

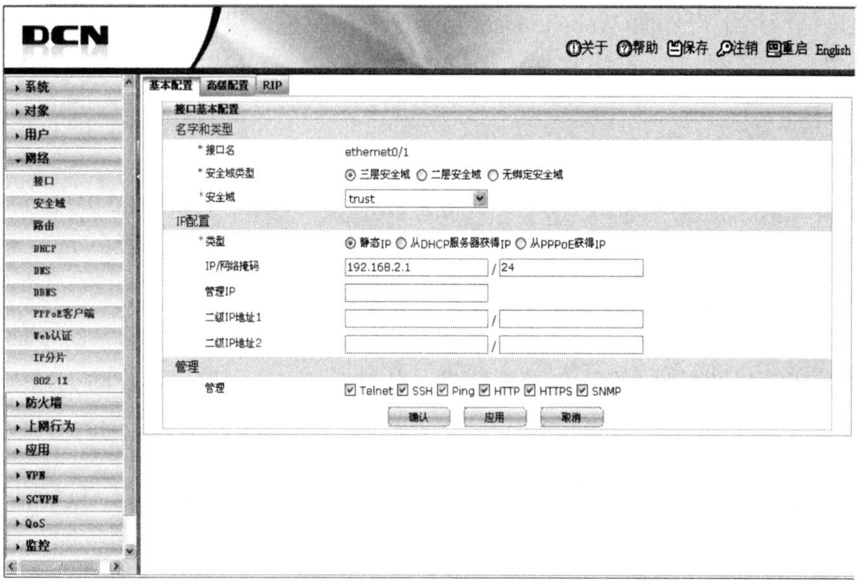

图 S1-3 配置内网接口

(3) 配置外网接口。其他接口的配置操作与 ethernet0/1 接口配置类似。只需要在接口中选择 ethernet0/2 接口，其他参数根据接口的特性进行适当调整。如 ethernet0/2 接口为外网接口，具有明确的接口 IP 地址和子网掩码，因此安全域类型为三层安全域，安全域选择 untrust，在 IP/网络掩码中输入 222.1.1.2/24。配置外网接口的操作界面如图 S1-4 所示。

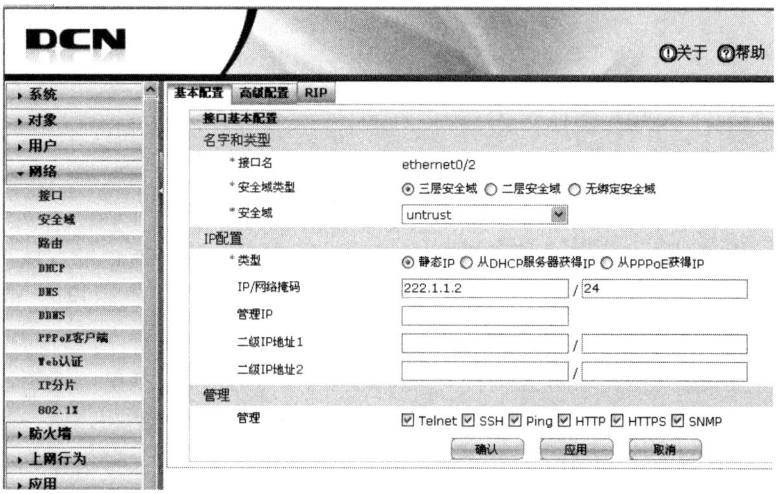

图 S1-4 配置外网接口

所有接口的配置操作完成后，形成接口列表，在实际操作中可以通过查看接口列表的方式检查接口的配置是否正确。这里创建好的接口形成的接口列表如图 S1-5 所示。

图 S1-5　接口列表

相关知识

(1) 使用 WebUI 方式登录防火墙配置界面的时候，配置参数如表 S1-4 所示。

表 S1-4　WebUI 界面配置参数

参　　数	数　　值
接口	ethernet/0
用户名	admin
密码	admin
管理 IP	192.168.1.1

(2) WebUI 方式下如何恢复出厂设置呢？

选择系统选项卡中的配置选项，点击[清除](或者重启)菜单即可。不过请谨慎使用该功能，因为一旦将安全网关恢复到出厂配置后，所有已做配置都将会被清除。

(3) 在任务 1-1 中，我们介绍了可以使用命令方式恢复出厂设置，在 WebUI 方式下可以使用系统提供的清除菜单实现，还有一种利用防火墙设备上的 CLR 按钮进行硬件恢复出厂设置的方法，具体操作如下：

① 关闭安全网关的电源；

② 用针状物按住 CLR 按键的同时打开安全网关的电源；

③ 按住状态直到指示灯 STA 和 ALM 均变为红色常亮，释放 CLR 按键，此时系统开始恢复出厂配置；

出厂配置恢复完毕，系统将会自动重新启动。

思考

(1) 如何从外网接口登录安全网关？

(2) 安全网关恢复出厂配置的方法有哪些？

(3) 如果防火墙内网网段有 3 个，如何实现防火墙的接口配置？

项目实训一 配置防火墙基本环境

实训目的

(1) 理解防火墙在网络拓扑中的地位;

(2) 会根据用户需求分析搭建防火墙基本环境;

(3) 会使用命令方式配置防火墙基本环境。

实训环境

某企业公司使用防火墙进行内外网的管理,防火墙内网接口为 ethernet0/1,对应 IP/子网掩码为 192.168.2.1/24,内网网段为 192.168.2.0/24,防火墙外网接口为 ethernet0/2,对应 IP/子网掩码为 172.21.1.1/24。具体网络拓扑如图 S1-6 所示。

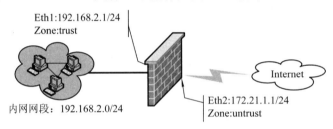

图 S1-6 网络拓扑

实训要求

(1) 使用 WebUI 方式配置防火墙基本环境;

(2) 使用 CLI 命令方式配置防火墙基本环境。

项目2 基于防火墙的局域网与广域网的访问控制与实现

学习目标

♦ 了解防火墙在网络中所处的地位。

♦ 了解防火墙的基本模式。

♦ 了解防火墙的网络地址转换模式。

♦ 能对防火墙进行基本配置。

♦ 能根据网络拓扑对防火墙进行模式配置。

♦ 会根据用户内外网的上网需求，对防火墙进行不同 NAT 模式的配置。

项目背景

将防火墙的各接口配置完成后，确定了防火墙的各接口与网络中的其他设备之间的接口连接，还不能实现防火墙的局域网(内网)与广域网(外网)之间的相互访问控制。而根据防火墙内外网的不同网段情况以及内外网之间的访问需求，可以有多种网络地址转换模式。在本项目中将针对企业实际环境中出现的内网、外网、服务器三者在同网段和不同网段的情况实现内网访问外网、外网访问内网、内网访问服务器、外网访问服务器等具体任务。根据用户内外网的上网需求，对防火墙进行不同 NAT 模式的配置。常见的防火墙的基本模式配置有 SNAT 模式、DNAT 模式、透明模式和混合模式。

关键技术

SNAT、IP 地址映射、端口映射、透明模式、混合模式。

任务 2-1 局域网访问广域网的控制与实现

📖 知识导入

1. 什么是 SNAT 模式

SNAT 是源地址转换(Source Network Address Translation)的缩写，其作用是将 IP 数据包的源地址转换成另外一个地址。在防火墙中内部地址要访问公网上的服务时，内部地址会主动发起连接，由防火墙上的网关对内部地址做地址转换，将内部地址的私有 IP 转换为公网的公有 IP，网关的这个地址换转就称为 SNAT。

2. SNAT 模式适用情形

在防火墙多种模式中，SNAT 模式可以实现内网(即局域网)到公网(即广域网)的访问控制。SNAT 模式是防火墙 NAT 模式转换中最常见的一种模式。

案例及分析

　　某企业拥有自己的局域网(内网)，内网 IP 地址为 192.168.2.0/24，现需要通过防火墙访问网关 IP 为 222.1.1.1 的 Internet(外网)，内网用户可以通过防火墙访问外网资源，外网用户不能访问内网资源。请设置防火墙实现上述要求。

分析内容

　　该案例中内外网处于不同的网段，要求只允许内网用户访问外网用户，因此可以采用防火墙 SNAT 模式来实现。

一、网络拓扑

网络拓扑如图 S2-1 所示。

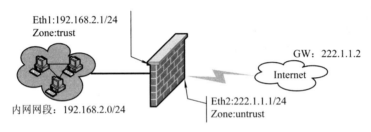

图 S2-1　网络拓扑

二、操作流程

第一步：配置接口。

(1) 通过防火墙默认端口(ethernet0/0)地址 192.168.1.1 登录到防火墙界面进行接口的配置。可以通过 WebUI 登录防火墙界面，如图 S2-2 所示。

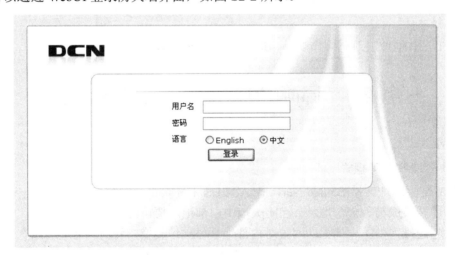

图 S2-2　WebUI 登录防火墙界面

　　在这里，192.168.1.1 为防火墙的默认登录地址，在出厂的时候已经设定好。一般情况下我们选择默认地址进行登录。在用户名和密码栏中输入缺省用户名 admin，密码 admin，选择语言中文，点击登录，即进入到防火墙配置界面。

　　防火墙共有 5 个端口，ethernet0/0～ethernet0/4，其中 ethernet0/0 为防火墙默认登录端口，地址默认为 192.168.1.1/24，使用该接口登录后可以配置其他 4 个端口，这 4 个接口可配置为内网口、外网口、登录端口等。如：设置 ethernet0/1 为内网口，安全域为 trust；设置 ethernet0/2 为外网口，安全域为 untrust；同时设置 ethernet0/4 为管理接口，地址为 192.168.7.1，安全域为 trust，则可以使用该端口登录防火墙进行配置。这里特别提醒，一般不建议更改默认端口的 IP 地址。

　　(2) 进入网络选项卡，选择接口选项，打开接口界面进行配置。配置内网接口为 ethernet0/1，安全域为 trust，配置内网端口的 IP 为 192.168.2.1，子网掩码为 24 位。防火墙内网接口配置操作界面如图 S2-3 所示。

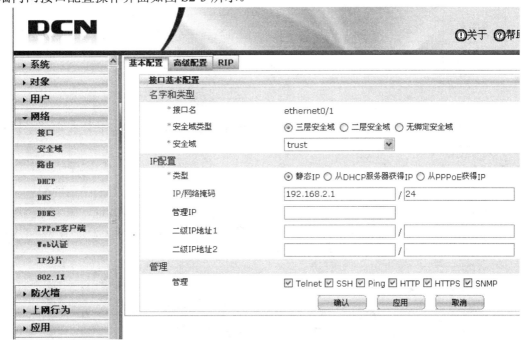

图 S2-3　ethernet0/1 接口配置

　　在防火墙中，安全域的类型有三种：三层安全域、二层安全域和无绑定安全域。当安全域需要配置 IP 时，必须配置接口为三层安全域。这里的 IP 可以选择静态 IP 获取方式、从 DHCP 服务器动态获取 IP 方式、从 PPPoE 获取 IP 方式，进而设定 IP 的地址和子网掩码。如果一个 IP 地址为标准 IP，则子网掩码也遵循标准。这里内网口 IP 为 192.168.2.1，为标准 C 类地址，其子网掩码为标准的 24 位。如果内网网络进行了子网划分，则内网口地址为子网划分后的 IP 地址，子网掩码就需要进行单独计算。实验中由于要进行 Ping 命令的测试，因此 Ping 管理选项为必选项。这里的管理选项指内网口具备的网络管理功能，可根据防火墙所管辖的网络需求选择管理功能。

　　(3) 进入网络选项卡，选择接口选项，打开接口界面进行配置。配置外网接口为 ethernet0/2，安全域为 untrust，配置外网接口的 IP 为 222.1.1.2，子网掩码为 24 位。防火墙外网接口配置如图 S2-4 所示。

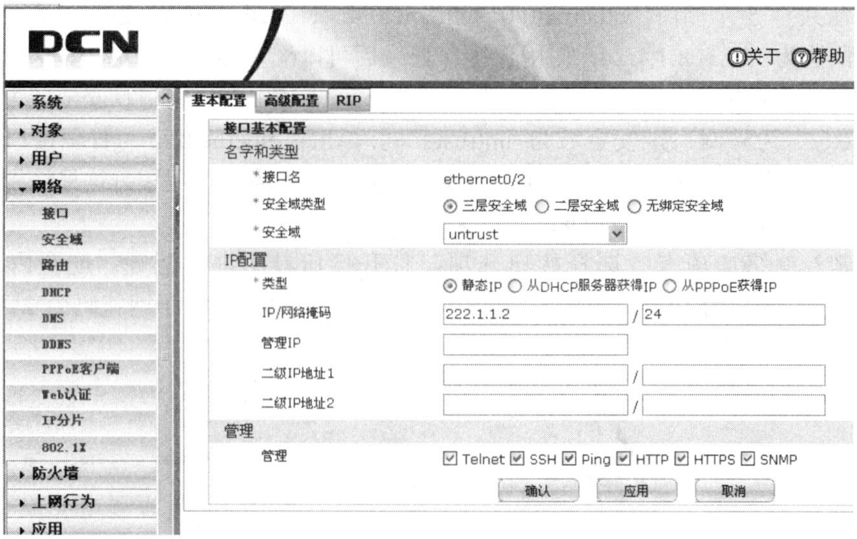

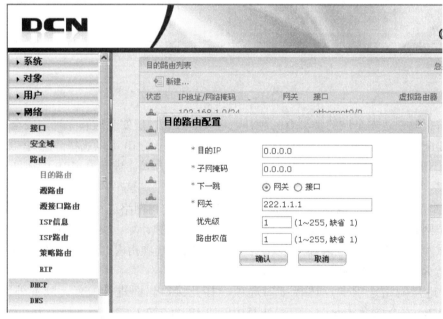

图 S2-4　ethernet0/2 接口配置

这里选择外网接口为 ethernet0/2，外网口的安全域设置为 untrust，其他选项的配置参照内网口的配置。

第二步：添加路由。

选择网络选项卡，选择路由，打开菜单项，选择目的路由，进入目的路由的配置。添加内网到外网的缺省路由，在目的路由中新建路由条目，添加下一条地址。选用万能地址 0.0.0.0 为目的 IP，子网掩码为 0.0.0.0。下一跳选择网关。选择外网的网关地址为 222.1.1.1。具体的目的路由配置如图 S2-5 所示。

图 S2-5　目的路由配置

目的 IP 为内网访问外网的 IP，由于外网 IP 未知且不确定，因此可以选择目的 IP 地址为万能 IP 地址：0.0.0.0；子网掩码不能写成位数，而是采用点分式结构，即写成 0.0.0.0；下一跳选择网关，在后面网关栏目输入网关地址：222.1.1.1。

第三步：添加 SNAT 策略。

选择防火墙选项卡、NAT 菜单、SNAT 选项进行防火墙基本模式的配置，并添加源 NAT 策略。出接口地址选择为外网口 ethernet0/2。源 NAT 基本配置如图 S2-6 所示。

图 S2-6　SNAT 配置

由于内网的 IP 地址不确定，所以源地址选择 Any 选项，允许内网网段内的任何地址访问；图 S2-6 中的出接口选择外网口 ethernet0/2，与前面接口配置中的外网口保持一致。由于允许内网用户访问外网用户，需要将内网的地址转换为出接口的 IP 地址，因此行为栏中选择 NAT(出接口 IP)。

第四步：添加安全策略。

选择防火墙选项卡中的策略选项进入策略配置界面。在防火墙策略中，制定内网到外网的访问策略。内网为可信，外网为不可信，因此，将源安全域设为 trust，目的安全域设为 untrust。由于内网访问地址和外网访问地址不确定，因此地址栏中均设为 Any 选项。由于要求允许内网用户访问外网，故行为选择为允许。策略基本配置如图 S2-7 所示。

图 S2-7　安全策略

第五步：测试。

可以通过配置内外网的 PC 机搭建网络拓扑结构。

(1) 设置内网计算机与 ethernet0/1 接口位于同一网段。由于内网口 IP 为静态 IP 地址，因此可以将内网 PC 机的 IP 地址设置为 192.168.2.13，内网的子网掩码为 24 位，因此子网掩码为 255.255.255.0。相应的 IP 设置如图 S2-8 所示。

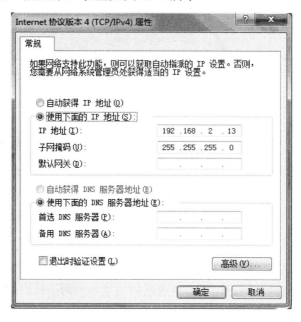

图 S2-8　内网 PC 机的 IP 配置

这里，默认网关可以不写，也可以写成内网地址 192.168.2.1，因为内网接口充当了内网的网关。

(2) 外网计算机与 ethernet0/2 的相应 IP 地址如图 S2-9 所示。

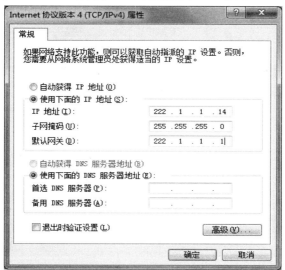

图 S2-9　外网 PC 机的 IP 配置

(3) 测试内网计算机与外网目标计算机是否连接，测试结果如图 S2-10 所示。

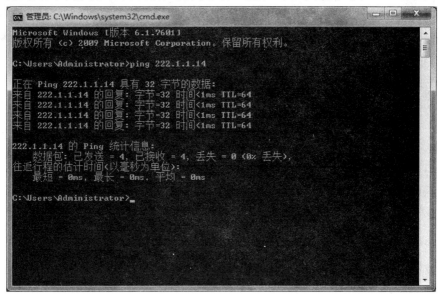

图 S2-10　内网 PC Ping 外网 PC

⌨ 相关知识

1. 防火墙的配置接口为 ethernet0/0，默认地址为 192.168.1.1，一般情况下只作为防火墙配置接口，不作内网接口。同时配置接口的安全域默认为 trust，不可更改。

2. SNAT 模式用于实现内网 IP 到公网(即外网) IP 的转换，因此设置接口时出接口应该选择外网口。

3. 使用内网 PC1 进行验证时，应首先保证测试机 PC1 与防火墙内网口能够互联互通，内网 PC1 的默认网关可以不设置，也可以设置为防火墙内网口的 IP 地址。

4. 外网 PC2 应该保证与防火墙外网口互联互通，进而使用内网 PC1 对外网 PC2 测试实现互联互通。

思考

内网访问公网时，在防火墙上为什么要进行 SNAT 转换呢？

任务 2-2　同网段之间的访问控制与实现

📖 知识导入

1. 什么是透明模式

透明模式，顾名思义，其特点就是对用户是透明的(Transparent)，即用户感知不到防火墙的存在。要想实现透明模式，防火墙必须在没有 IP 地址的情况下工作，不需要对其设置 IP 地址，用户也不知道防火墙的 IP 地址。

2. 透明模式应用范围

透明模式中防火墙连接的内外网属于同一网段。

🖥 **案例及分析**

某企业内部局域网网段为 192.168.2.1～192.168.2.100，要求通过防火墙的设置，实现内网用户可以访问相同网段的另一段地址范围为 192.168.2.101～192.168.2.200 的网络。要求：

(1) 防火墙 ethernet0/1 接口和 ethernet0/2 接口配置为透明模式；

(2) ethernet0/1 与 ethernet0/2 同属一个虚拟桥接组，ethernet0/1 属于 l2-trust 安全域，ethernet0/2 属于 l2-untrust 安全域；

(3) 为虚拟桥接组 vswitchf1 配置 IP 地址以便管理防火墙；

(4) 允许网段 A Ping 网段 B 并能访问网段 B 的 Web 服务。

📑 **分析内容**

该企业内网与外网属于同一网段，是典型的透明模式的应用。

一、网络拓扑

网络拓扑如图 S2-11 所示。

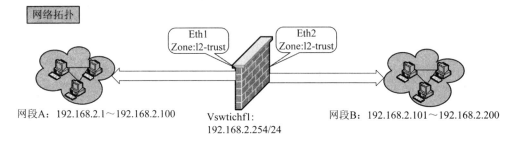

图 S2-11　网络拓扑

二、操作流程

第一步：接口配置。

对于同一网段的接口，可以采取 l2 接口模式进行配置。将其中的一段网络地址作为内网的网络 IP 地址，同时设置连接的接口为内网口，属于二层安全域 l2 中的 trust。因此可以将 Eth1 接口作为内网接口，加入二层安全域 l2-trust。ethernet0/1 内网接口属性配置如图 S2-12 所示。

图 S2-12　定义内网接口为二层安全域

将另一段网络 IP 作为外网网段，其对应的网络接口为外网口，属于二层安全域 l2 中的 untrust。因此可以将 Eth2 接口加入二层安全域 l2-unstrust。ethernet0/2 外网接口属性配置如图 S2-13 所示。

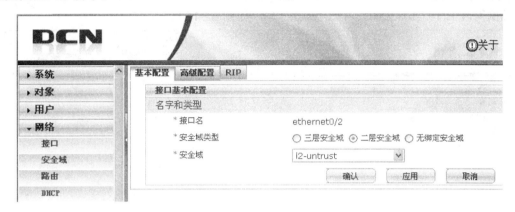

图 S2-13　定义外网接口为二层安全域

第二步：配合虚拟交换机(VSwitch)。

Virtual Switch(VSwitch)相当于一个虚拟的二层交换机，它连接虚拟网卡和物理网卡，将虚拟机上的数据报文从物理网口转发出去。根据需要，VSwitch 还可以支持二层转发、安全控制、接口镜像等功能。这里利用 VSwitch 的二层转发功能，实现 l2-trust 安全域和 l2-untrust 安全域的通信。虚拟桥接口基本属性配置如图 S2-14 所示。

图 S2-14　虚拟桥接口基本属性配置

在接口基本配置中，新建 vswitchif1，对其进行属性配置。由于虚拟交换机有明确的管理 IP，这里选择三层安全域，属于 trust，指定其为静态 IP：192.168.2.254/24。

第三步：添加对象。

在透明模式中，内网和外网属于同一网段，对于每段网络地址，为它们分别起个地址簿的名称，用以标识两个具有具体地址的网段。可以定义两个地址簿对象：用 net_A 地址簿表示内网网段 A(192.168.2.1～192.168.2.100)，如图 S2-15 所示；用 net_B 地址簿对象表示外网网段 B(192.168.2.101～192.168.2.200)，如图 S2-16 所示。

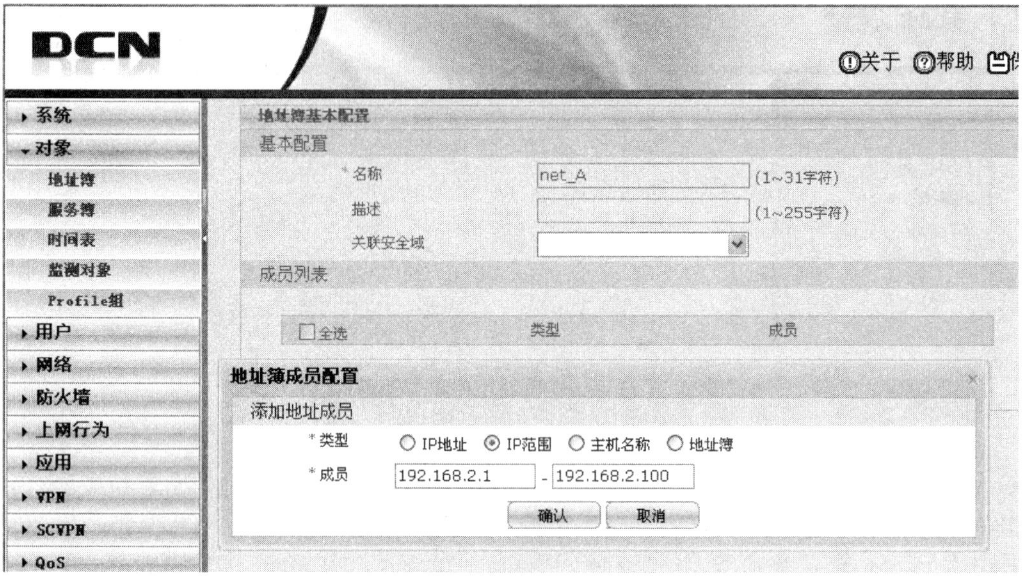

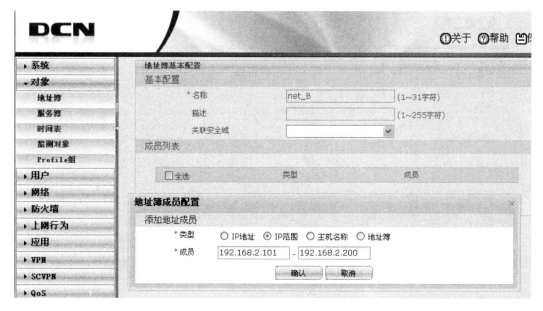

图 S2-15　定义内网网段

图 S2-16　定义外网网段

任务要求允许网段 A Ping 网段 B 及访问 B 的 Web 服务，在这里针对网段 A Ping 网段 B 的 Ping 操作和访问 B 的 Web 的 HTTP 服务新建一个服务组 A_to_B_Server，这个服务组包含两个服务："PING 和 HTTP"。自定义服务配置如图 S2-17 所示。

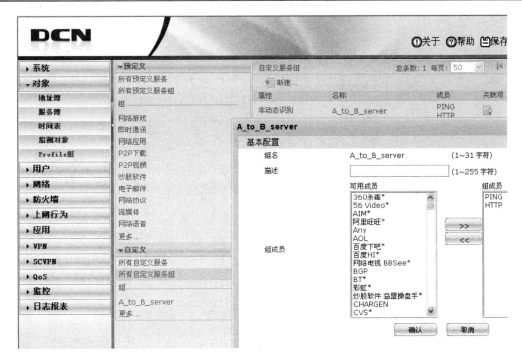

图 S2-17　自定义服务配置

第四步：配置安全策略。

地址簿和服务组设置好后，就可以进行安全策略的绑定。在"防火墙"选项卡中选择"策略"选项，选择"源安全域"和"目的安全域"后，新建策略。新建策略配置如图 S2-18 所示。

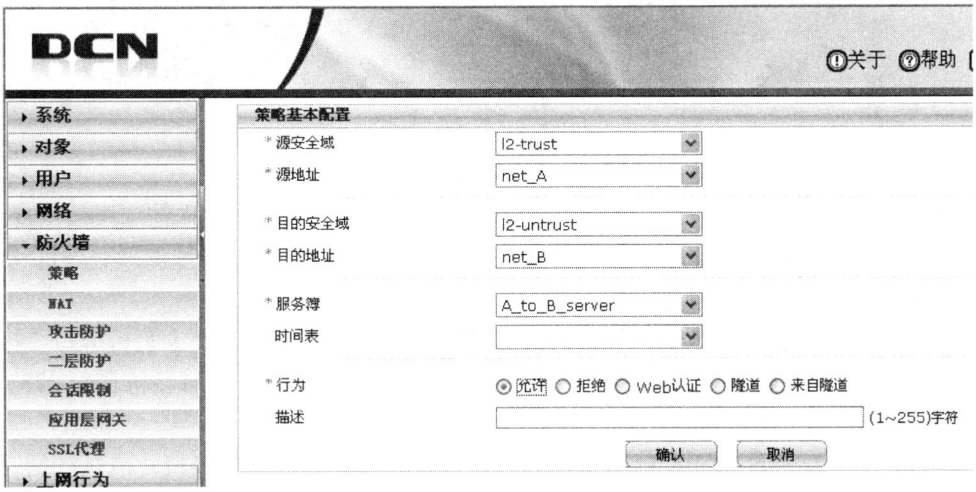

图 S2-18　新建策略配置

要求实现内网对外网的访问，因此源安全域为 l2-trust，源地址选择前面定义的内网网段 A 的地址簿 net_A，目的安全域为 l2-untrust，目的地址选择前面定义的外网网段 B 的地址簿 net_B，服务簿选择 A_to_B_Server。

第五步：测试。

设置内网计算机与 ethernet0/1 同网段相连，IP 配置如图 S2-19 所示。

◎ 自动获得 IP 地址(O)
◉ 使用下面的 IP 地址(S)：
IP 地址(I)：　　　　192 .168 . 2 . 13
子网掩码(U)：　　　255 .255 .255 . 0
默认网关(D)：　　　192 .168 . 2 . 1

图 S2-19　内网 PC 设置

设置外网计算机与 ethernet0/2 同网段相连，IP 配置如图 S2-20 所示。

◎ 自动获得 IP 地址(O)
◉ 使用下面的 IP 地址(S)：
IP 地址(I)：　　　　192 .168 . 2 . 114
子网掩码(U)：　　　255 .255 .255 . 0
默认网关(D)：　　　192 .168 . 2 . 254

图 S2-20　外网 PC 设置

连接好后，就可以测试防火墙的透明模式是否生效。通过内网计算机 Ping 外网计算机进行测试。如果连通，就表明透明模式生效，测试结果如图 S2-21 所示。

```
C:\Users\Administrator>ping 192.168.2.114

正在 Ping 192.168.2.114 具有 32 字节的数据：
来自 192.168.2.114 的回复: 字节=32 时间<1ms TTL=64
来自 192.168.2.114 的回复: 字节=32 时间<1ms TTL=64
来自 192.168.2.114 的回复: 字节=32 时间<1ms TTL=64
来自 192.168.2.114 的回复: 字节=32 时间<1ms TTL=64

192.168.2.114 的 Ping 统计信息:
    数据包: 已发送 = 4, 已接收 = 4, 丢失 = 0 (0% 丢失),
往返行程的估计时间(以毫秒为单位):
    最短 = 0ms, 最长 = 0ms, 平均 = 0ms
```

图 S2-21　测试连通性

⌨ **相关知识**

(1) VSwitch(Virtual Switch)指虚拟交换机或虚拟网络交换机，工作在二层数据网络，通过软件方式实现物理交换机的二层（或部分三层）网络功能。与传统物理交换机相比，虚拟交换机具备的优点是：

① 配置灵活、扩展性强，一台普通的服务器可以配置几十台甚至上百台虚拟交换机，且端口数目可以灵活选择。例如 VMware 的 ESX 主机，一台服务器可以仿真出 248 台虚拟交换机，且每台交换机预设虚拟端口可达 56 个。

② 成本低、性能高，通过虚拟交换往往可以获得昂贵的物理交换机才能达到的性能。例如微软的 Hyper-V 虚拟化平台，虚拟机与虚拟交换机之间的联机速度可达 10 Gb/s。

(2) 在设置虚拟交换机 Vswitch 的 IP 地址时要注意与配置接口不是同一个网段。

思考

在透明模式中为什么设置安全域为 l2-trust，或者 l2-untrsust？

任务 2-3　广域网访问局域网的控制与实现

📖 **知识导入**

1. 什么是 DNAT 模式

DNAT 的全称为 Destination Network Address Translation，即目的地址转换，常用于防火墙中。目的地址转换的作用是将一组本地内部的地址映射为一组全球地址。

2. DNAT 模式应用范围

DNAT 主要适用于外网对内网服务器的访问，同时可以通过 IP 映射、端口映射等方式进行保护。

💻 **案例及分析**

某企业内部局域网 IP 为 192.168.1.0/24，内有两台服务器，一台服务器用作 IP Server 及 Web ServerB 的功能，另一台服务器 Web ServerA 直接与防火墙连接，外网为 218.240.143.0/24。要求：

(1) 使用外网口 IP 为内网 IP Server 及 Web ServerB 做端口映射，并允许外网用户访问该 Server 的 IP 和 Web 服务，其中 Web 服务对外映射的端口为 TCP8000；

(2) 允许内网用户通过域名访问 Web ServerB(即通过合法 IP 访问)；

(3) 使用合法 IP 218.240.143.220 为 Web ServerA 做 IP 映射，允许内外网用户对该 Server 的 Web 进行访问。

📑 **分析内容**

企业内外网属于不同网段，要求外网用户访问内网用户，因此必须在防火墙上进行 DNAT 模式设置。

一、网络拓扑

网络拓扑如图 S2-22 所示。

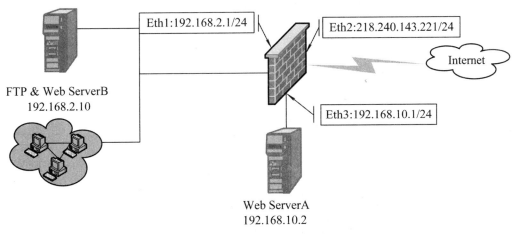

图 S2-22　网络拓扑

二、操作流程

1. 案例要求 1

外网口 IP 为内网 IP Server 及 Web ServerB 做端口映射，并允许外网用户访问该 Server 的 IP 地址和 Web 服务，其中 Web 服务对外映射的端口为 TCP8000。

第一步：配置准备工作。

(1) 设置地址簿。在对象选项卡中选择地址簿选项进行服务器地址设置，如图 S2-23 所示。

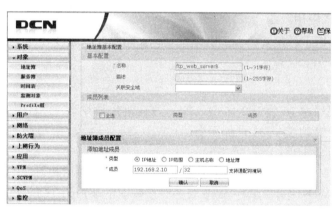

图 S2-23　定义地址簿

由于涉及多个服务器，因此首先应为每个服务器创建一个容易识别的地址名称。命名时尽量体现出服务器的功能，如 IP 和 Web 服务功能，可以命名为 IP_Web_Server，如果有多个，可以参照拓扑结构再添加名字后缀。因此将服务器 B 在地址簿中命名为 IP_Web_ServerB。在地址簿成员配置中添加该服务器的地址。由于服务器 IP 仅被该服务器拥有，因此在子网掩码中以 32 位来表示，表示此 IP 不为一个网段所有，而仅为该服务器所有。

(2) 设置服务簿。防火墙出厂自带一些预定义服务，但是如果我们需要的服务不包含在预定义中，则需要在对象/服务簿中进行手工定义。由于此任务中 TCP 服务从 8000 端口进行访问，不是默认服务，因此需要手工定义服务，自定义服务配置如图 S2-24 所示。

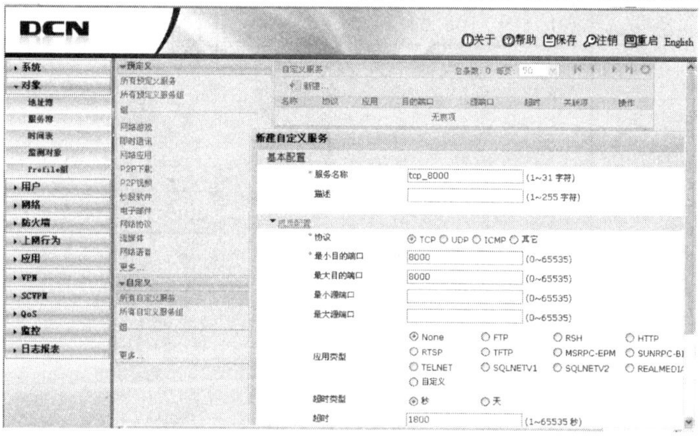

图 S2-24　自定义服务配置

第二步：创建目的 NAT。

配置目的 NAT，首先需要为 trust 区域中的 Server 服务器进行映射端口操作。

(1) 映射 FTP 端口。这需要为内网的 trust 安全域中的 IP & Web ServerB 服务器设置 IP 访问。由于 IP 访问服务没有端口限制，此处选择默认 IP 服务端口 21。由于要对内网中的服务器做服务，因此目的地址为外网出接口地址，此处选择 IPv4.ethernet0/2。为哪个服务器做映射，就选哪个服务器地址为映射到的地址，因此这里选择服务器 B。FTP 端口映射配置如图 S2-25 所示。

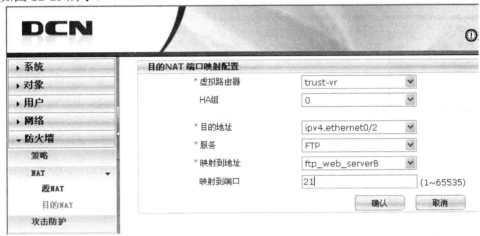

图 S2-25　映射 FTP 端口

(2) 映射 TCP 端口 8000。同上面的 IP 服务操作类似，虚拟路由器仍为内网的虚拟路由器，目的地址选择出接口，服务选择自定义的 tcp_8000，映射到的地址选择目标服务器 B。这里需注意映射到的端口应为实际的 TCP 访问端口 80。TCP 端口映射配置如图 S2-26 所示。

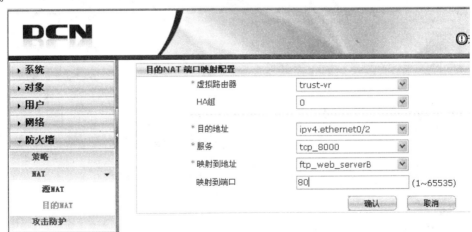

图 S2-26　映射 TCP 端口

第三步：放行安全策略。

创建安全策略，允许外网用户(即 untrust 区域)用户访问内网服务器(即 trust 区域)Server 的 IP 和 Web 应用。在服务项中，放行 IP 服务和 TCP8000 服务。

(1) 制定高级策略。选择防火墙选项卡中的策略选项，打开策略高级配置界面。由于 DNAT 策略是外网对内网的访问，因此源安全域为外网 untrust，目的安全域为内网 trust，目的地址为内网接口 ethernet0/1。在策略制定中可以将多个服务一起绑定到策略上，所以需要在服务簿中选择多个。对于行为操作，允许访问则选择允许选项。高级策略配置如图 S2-27 所示。

图 S2-27　高级策略配置

(2) 放行制定的 FTP、TCP 服务。打开服务配置选项，可以同时将前面制定的服务和系统自带的服务添加进来。放行添加的服务配置如图 S2-28 所示。

图 S2-28　放行添加的服务配置

2. 案例要求 2

允许内网用户通过域名访问 Web ServerB(即通过合法 IP 访问)。

实现这一步所需要做的就是在之前的配置基础上，添加 trust 到 trust 的安全策略，允许内网用户对内网的服务器进行访问，策略配置如图 S2-29 所示。

图 S2-29　制定内网访问内网的策略

3. 案例要求 3

使用合法 IP 218.240.143.220 为 Web ServerA 做 IP 映射，允许内外网用户对该 Server 的 Web 访问。

第一步：配置准备工作。

(1) 为方便服务器的管理使用，可以将服务器的实际地址使用 web_serverA 来表示，通过新建地址簿的方式来创建，如图 S2-30 所示。

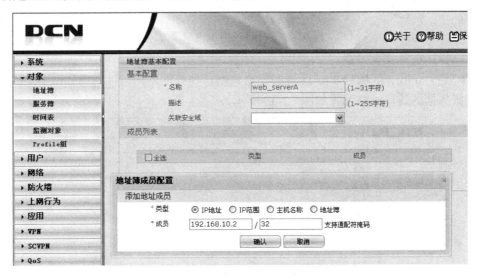

图 S2-30　定义地址簿

(2) 为方便公网地址的使用，同样将服务器的公网地址使用 IP_218.240.143.220 来表示，通过新建地址簿方式来实现，配置如图 S2-31 所示。

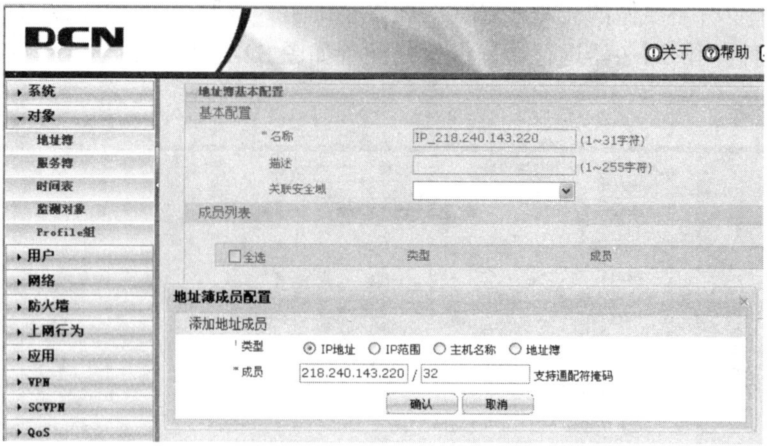

图 S2-31　定义地址簿

第二步：创建静态 NAT IP 映射。

引用前面新建的地址簿中的内容，在目的 NAT 中进行 IP 映射配置，配置内容如图 S2-32 所示。

图 S2-32　目的 NAT IP 映射配置

第三步：放行安全策略。

(1) 放行 untrust 区域到 dmz 区域的安全策略，使外网用户可以访问 dmz 区域服务器。外网到服务器的访问策略配置如图 S2-33 所示。

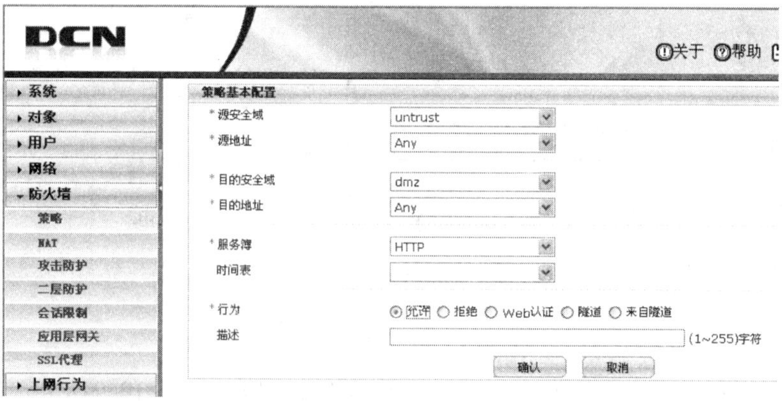

图 S2-33　设置外网到服务器的访问策略

(2) 放行 trust 区域到 dmz 区域的安全策略，使内网用户可以通过公网 IP 地址访问 dmz 区域内的服务器。内网到服务器的访问策略配置如图 S2-34 所示。

图 S2-34　设置内网到服务器的访问策略

第四步：测试。

设置内网计算机与 ethernet0/1 相连的 IP 如图 S2-35 所示。

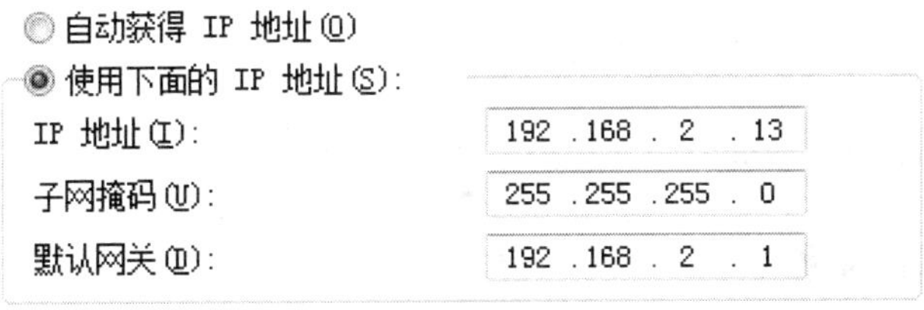

图 S2-35　内网 PC 机设置

设置外网计算机与 ethernet0/2 相连的 IP 如图 S2-36 所示。

图 S2-36　外网 PC 机设置

设置 DMZ 隔离区中的计算机与 ethernet0/3 相连的 IP 如图 S2-37 所示。

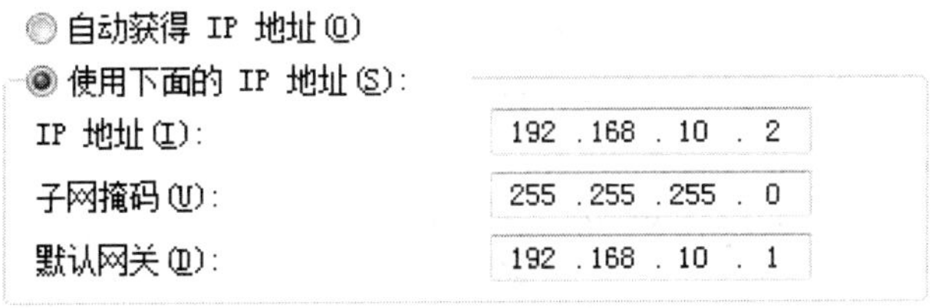

图 S2-37　防火墙 DMZ 区 PC 设置

按要求在服务器 IP & Web ServerB 搭建 IP 与 Web 服务，在服务器 Web ServerA 搭建 Web 服务。使用外网计算机，访问服务器 IP & Web ServerB。访问 TCP 服务器测试结果如图 S2-38 所示。

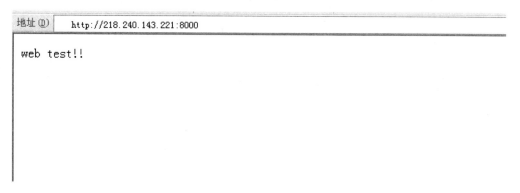

图 S2-38　外网访问内网 TCP 服务器

访问 FTP 服务器的测试结果如图 S2-39 所示。

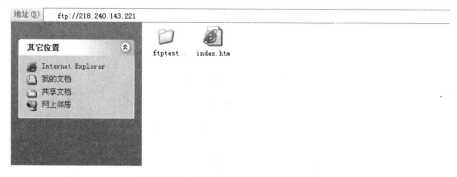

图 S2-39　外网访问内网 IP 服务器

通过映射 IP 218.240.143.220，使用内外网计算机，访问服务器 Web ServerA，访问结果如图 S2-40 所示。

图 S2-40　访问 DMZ 区服务器

✉ **相关知识**

(1) 由于 DNAT 实现的是外网对内网的访问，制定的放行策略应该是从 untrust 安全域到 trust 安全域的方向。

(2) 这里服务器挂靠到防火墙上，设置的安全域是 DMZ。那么什么是 DMZ 呢？DMZ(Demilitarized Zone)即俗称的非军事区，与军事区和信任区相对应，作用是把 Web、E-mail 等允许外部访问的服务器单独接在该区端口，使整个需要保护的内部网络接在信任区端口后不允许任何访问，实现内外网分离，达到用户需求。DMZ 可以理解为一个不同于外网或内网的特殊网络区域，DMZ 内通常放置一些不含机密信息的公用服务器，比如 Web、Mail、IP 等。这样来自外网的访问者可以访问 DMZ 中的服务，但不可能接触到存放在内网中的公司机密或私人信息等，即使 DMZ 中服务器受到破坏，也不会对内网中的机密信息造成影响。

DMZ 通常是一个过滤的子网，DMZ 在内部网络和外部网络之间构造了一个安全地带。

思考

(1) 端口映射和 IP 映射适用在什么模式？它们之间有什么区别？

(2) DNAT 模式与 SNAT 模式有什么区别？

任务 2-4　局域网、广域网与服务器的访问控制与实现

📖 **知识导入**

1. 什么是混合模式

混合模式介于路由模式和透明模式之间，在该模式下，既可以配置接口工作在路由模式(接口具有 IP 地址)下，又可以配置接口工作在透明模式(接口无 IP 地址)下。

2. 混合模式应用范围

当防火墙的内外网处于不同网段，同时外网与服务器处于同一网段时就需要对防火墙进行混合模式的配置。

🖥 **案例及分析**

某企业内网为 192.168.2.1/24，外网为 218.240.143.218/24，同时在防火墙上搭载一台服务器 218.240.143.217/24。要求：

(1) 内网 192.168.2.1/24 可以访问外网 218.240.143.218/24。

(2) 内网 192.168.2.1/24 可以访问服务器。

(3) 外网可以访问服务器。

📑 **分析内容**

该案例中企业内网与外网不属于同一网段，而外网与挂载在防火墙上的服务器属于同一网段。对于这种既有相同网段又有不同网段的网络拓扑结构，防火墙应该配置混合模式。

一、网络拓扑

网络拓扑如图 S2-41 所示。

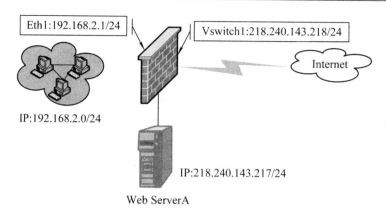

图 S2-41   网络拓扑

二、操作流程

第一步：设置接口。

在这个拓扑结构中涉及到三个接口，一个接口为内网口，连接内网 192.168.2.1/24，对应的安全域为 trust；另一个接口为外网口，连接外网 218.240.143.218/24；还有一个接口为 DMZ 口，用于连接挂靠在防火墙上的服务器。由于外网地址与服务器地址属于同一网段，因此外网口需要设置为虚拟交换机 Vswitch 模式，对应的安全域为 l2-untrust，防火墙上的服务器所属安全域则为 l2-dmz。

(1) 设置内网口地址。将 Eth1 口设置成路由接口，安全域为 trust，由于内网网段明确，选择静态 IP 属性，设置内网口 IP 地址为 192.168.2.1/24，子网掩码 24 位表示该接口接入的 IP 为网段地址。内网接口配置如图 S2-42 所示。

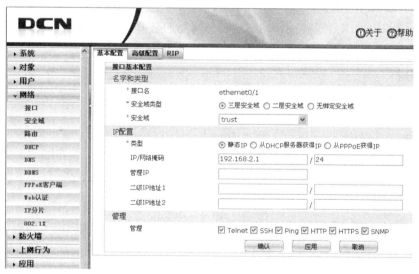

图 S2-42   内网接口配置

(2) 设置外网口。ethernet0/2 口连接外网，将 ethernet0/2 设置成二层安全域，安全域为 l2-untrust，这里不需要对外网口进行 IP 地址配置，只需要在虚拟交换机上进行配置即可，见后续操作。外网接口配置如图 S2-43 所示。

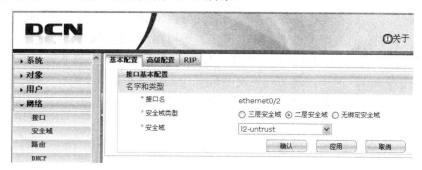

图 S2-43　外网接口配置

　　(3) 设置服务器接口。将 ethernet0/3 口设置成连接在防火墙上的服务器接口，由于该服务器连接在防火墙上，属于安全防护区域，选择二层安全域中的 l2-dmz 安全域进行配置。服务器接口配置如图 S2-44 所示。

图 S2-44　服务器接口配置

　　第二步：配置 Vswitch 接口。

　　由于二层安全域接口不能设置地址(相关知识和技能，请读者查阅"防火墙透明模式的配置"任务)，需要将地址设置在虚拟交换机上，该虚拟交换机即为 Vswitch，这里我们给虚拟交换机命名为 vswitchif1，虚拟桥接口配置如图 S-45 所示。

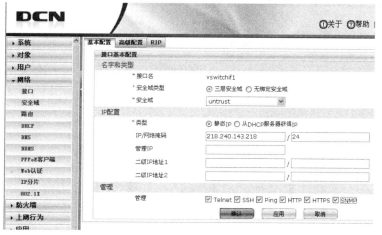

图 S2-45　虚拟桥接接口配置

第三步：设置 SNAT 策略。

针对内网所有地址都要进行外网的访问，并且内网 IP 地址与外网 IP 地址不属于同一个网段，因此我们在防火墙上设置 SNAT 模式。虚拟路由器选择默认 trust-vr。内网 PC 在访问外网时，只要属于 192.168.2.1/24 网段的任何 IP 地址都允许从防火墙上放行访问，因此源地址选择为 Any。对于内网访问外网的数据包，只要从虚拟交换机 Vswitch 接口出去的数据包都做地址转换，转换地址为 Vswitch 出接口 IP 地址。源 NAT 配置如图 S2-46 所示。

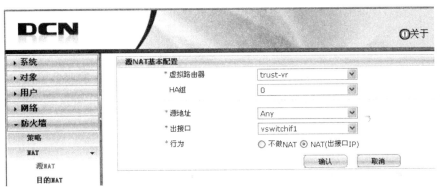

图 S2-46　设置 SNAT 策略

第四步：添加路由。

策略创建好后，还必须添加能够实现内外网连接的路由对数据包进行路径传输。要创建一条到外网的缺省目的路由允许对外网的任何 IP 进行访问，因此设置目的 IP 为 0.0.0.0，子网掩码为 0.0.0.0，下一跳选择与虚拟交换机同网段的 218.240.143.1 作为网关地址。该目的路由为内网访问外网和内网访问服务器的首选路由，因此优先级别最高，设置为 1，路由权值最大，设置为 1。这里要注意，如果内网有三层交换机的话还需要创建到内网的回指路由。目的路由配置如图 S2-47 所示。

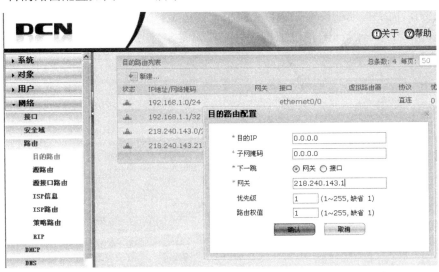

图 S2-47　设置目的路由

第五步：设置地址簿。

在制定安全策略放行时，我们需要选择相应的地址和服务进行放行，所以这里首先要创建服务器的地址簿。在创建地址簿时，如果创建的服务器属于单个 IP，使用 IP 成员方式的话，那掩码一定要写 32 位。服务器地址簿配置如图 S2-48 所示。

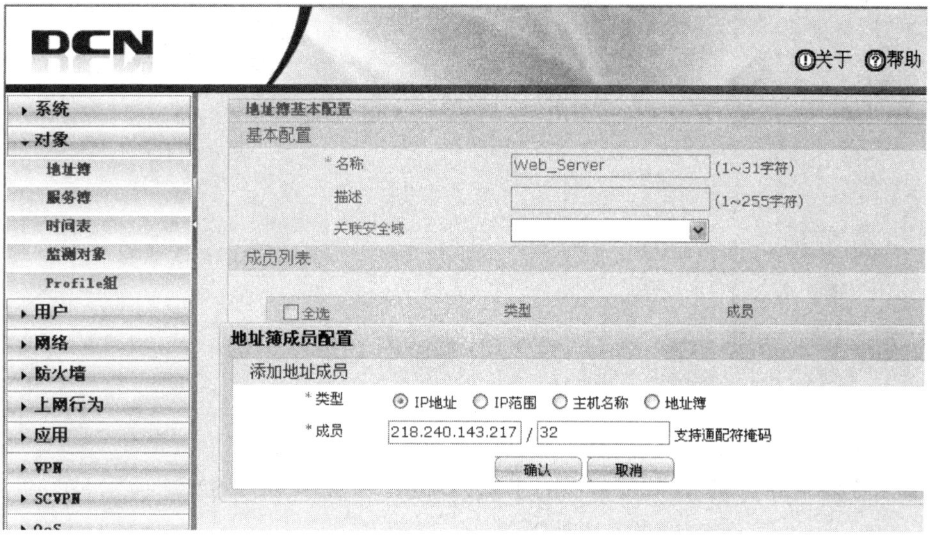

图 S2-48　设置地址簿

第六步：放行策略。

放行策略时，首先要保证内网能够访问外网。应该放行内网口所属安全域到 Vswitch 接口所属安全域的安全策略，即从 trust 到 untrust。内网到外网的放行策略配置如图 S2-49 所示。

图 S2-49　制定内网到外网放行策略

另外还要保证外网能够访问 Web_Server，该服务器的网关地址设置为 ISP 网关 218.240.143.1。还需要放行二层安全域上的安全策略，即放行 l2-untrust 到 l2-dmz 的策略。

外网到服务器的放行策略配置如图 S2-50 所示。

图 S2-50 制定外网到服务器的放行策略

第七步：测试。

(1) 设置内网计算机与 ethernet0/1 同网段相连，IP 配置如图 S2-51 所示。

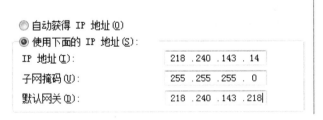

图 S2-51 内网 PC 设置

(2) 设置外网计算机与 ethernet0/2 同网段相连，IP 配置如图 S2-52 所示。

图 S2-52 外网 PC 设置

3) 设置 DMZ 计算机与 ethernet0/3 同网段相连，IP 配置如图 S2-53 所示。

图 S2-53 服务区 PC 设置

(4) 测试内网计算机 Ping 外网计算机与 DMZ 计算机的连通性，测试结果如图 S2-54 所示。

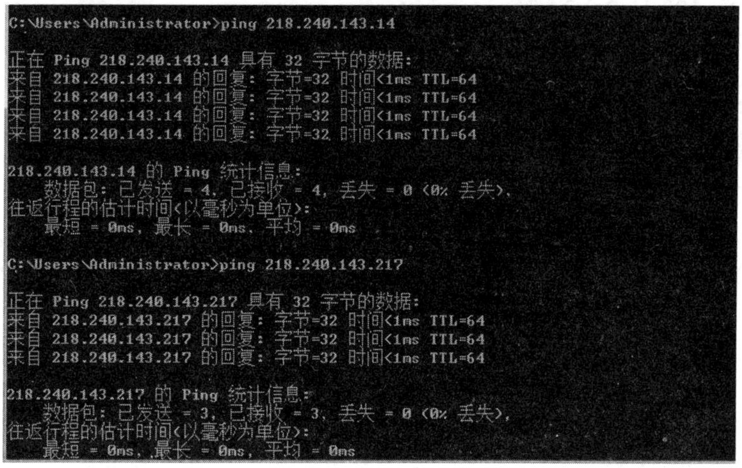

图 S2-54　测试

⊞ **相关知识**

(1) 一般硬件防火墙有路由模式、网桥模式、混合模式。路由模式连接不同网段，防火墙有实际的地址；网桥模式即透明模式，连接相同网段，防火墙没有地址，内网用户看不到防火墙的存在，隐蔽性较好；混合模式即在网络拓扑里同时用到了路由和网桥模式。

(2) 回指路由，一般是在内网中有多个 VLAN 的情况下，为了实现每个 VLAN 到外网的通信，所做的静态路由。在使用防火墙的时候，现在的大多数用户会在很多内部网络中设置大量的 VLAN。这时当我们用防火墙做网关的时候，就需要在防火墙上做回指路由。如果不做的话，就只有防火墙的内网口所在的 VLAN 可以在这个网络里传输数据。例如防火墙内网口所在 VLAN 为 192.168.1.0，网关为 192.168.1.1，另一个 VLAN 为 192.168.2.0，可以配置回指路由如下：源地址为 0.0.0.0，子网掩码为 0.0.0.0，目的地址为 192.168.2.0，掩码为 255.255.255.0，路由地址为 192.168.1.1。

思考

内、外网访问服务器时有什么配置上的区别？

项目实训二　基于防火墙的网络访问控制实现

实训目的

(1) 能够对防火墙进行基本环境的搭建；

(2) 会根据用户需求分析防火墙所需 NAT 模式；

(3) 能熟练配置防火墙各种 NAT 模式。

实训环境

某企业公司内网口接一台三层交换机，三层交换机上设置了三个网段，内部用户 PC

机分属于不同网段：

 (1) 网段 1：192.16.1.0/24；

 (2) 网段 2：192.16.2.0/24；

 (3) 网段 3：192.16.3.0/24；

外网通过 222.1.1.1/24 网段连接到 Internet 上。

实训要求

 (1) 使用三层交换机为内网用户划分三个子网；

 (2) 任意网段的内网用户都可以通过防火墙访问外网 222.1.1./24。

项目 3 基于防火墙的网络配置与实现

防火墙除了作为实现内外网的通信功能外，还可以作为内网的服务器，起到 DHCP 服务器、DNS 服务器、DDNS 服务器的功能。

✎ 学习目标

- ♦ 了解 DHCP 服务器的工作原理。
- ♦ 了解 DNS 服务器的工作原理。
- ♦ 了解负载均衡的工作原理。
- ♦ 了解源路由的工作原理。
- ♦ 能根据内网用户需求配置 DHCP 服务器。
- ♦ 能根据内网用户需求配置 DNS 服务器。
- ♦ 能根据内网用户需求配置负载均衡服务模式。
- ♦ 能根据内网用户需求配置源路由服务模式。

项目背景

防火墙不仅可以实现内外网之间的相互通信，同时也可以为所保护的内网用户提供服务器管理功能，对内网网络起到一定管理功能，如作为 DHCP 服务器起到为内网 PC 机进行 IP 地址自动分配功能等。

关键技术

防火墙作为 DHCP 服务器、DNS 服务器、负载均衡服务、源路由服务的主要技术。

任务 3-1 防火墙 DHCP 服务功能与实现

📖 知识导入

1. 什么是 DHCP 服务器

DHCP(Dynamic Host Configuration Protocol，动态主机配置协议)是一个局域网的网络协议，使用 UDP 协议工作，主要有两个用途：一是局域网或网络服务供应商(ISP)为网内 PC 等设备自动分配 IP 地址；二是用户或者网络管理员对所有计算机作中央管理的手段。

在网络安全系统中，三层交换机可以作为 DHCP 服务器，防火墙也可以作为 DHCP 服务器，对于 PC 服务器来讲也可以作为 DHCP 服务器。

2. 防火墙作为 DHCP 服务器配置的端口是什么

由于 DHCP 服务器进行地址的自动分配，一般适用于内网 PC 机，因此，如果防火墙作为 DHCP 服务器，必须设置在内网口。

案例及分析

企业内网通过防火墙自动获取 IP 地址，同时可以访问外网，具体要求：

(1) 内网用户能够自动获取到 IP 地址以及 DNS；

(2) 内网用户获取到 IP 地址后能直接访问外网。

分析内容

本案例中企业内网 PC 机的 IP 从防火墙中自动获取，因此需要在防火墙内网端口设置 DHCP 服务器功能。

一、网络拓扑

网络拓扑如图 S3-1 所示。

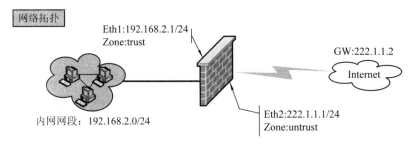

图 S3-1 网络拓扑

二、操作流程

第一步：设置 DHCP 地址池。

在创建 DHCP 服务器前先创建一个地址池，目的是让 PC 机能从该地址池中获取一个 IP 地址。设置地址池名称为 pool，地址范围为 192.168.2.10～192.168.2.150，网关为 192.168.2.1，子网掩码为 255.255.255.0，租约时间可以设置得稍微长点，在此可以设置为 1000000 秒。地址池 pool 配置如图 S3-2 所示。

图 S3-2 定义地址池 pool

另外如果需要内网 PC 自动获取 DNS 地址，需要再编辑该地址池 pool，在高级设置中选择在 DNS1 中填写 DNS 地址为 8.8.8.8，DHCP 地址池高级配置如图 S3-3 所示。

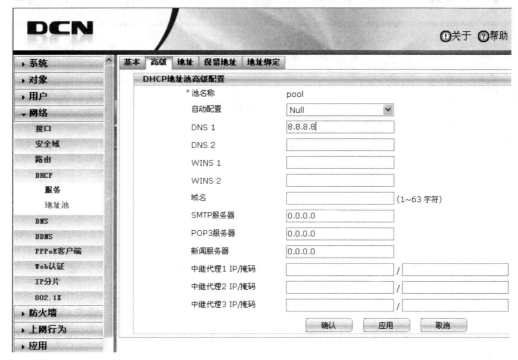

图 S3-3　设置自动获取 DNS

如果需要为某主机指定 IP 地址，可以点击地址绑定。这里将 PC 机的 MAC 地址 001e.Bc56.fd34 与该 PC 机自动获取的 IP 地址 192.168.2.66 绑定。注意 MAC 地址采用点分隔形式表示。DHCP 地址池地址绑定配置如图 S3-4 所示。

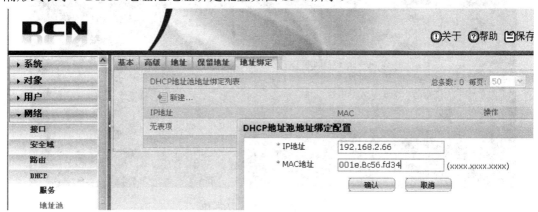

图 S3-4　IP 地址与 MAC 地址绑定

第二步：设置 DHCP 服务。

在网络选项中选择 DHCP 选项，打开其中的服务选项卡，选择启用 DHCP 服务的防火墙内网接口 ethernet0/1，在地址池中选择已经创建好的 IP 地址池 pool。设置 DHCP 服务器配置如图 S3-5 所示。

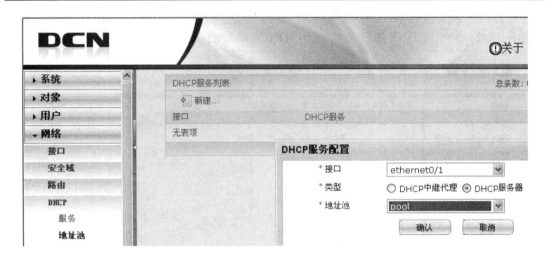

图 S3-5 设置内网接口为 DHCP 服务器

第三步：DHCP 服务器功能验证。

内网 PC 机网络连接中设置属性为 IP 自动获取方式，这样就可以自动从内网口的 DHCP 服务器上获取地址池中的一个 IP 地址。通过在 PC 机运行菜单下执行 cmd 命令，使用 IPconfig /all 命令查看从 DHCP 服务器上自动获取到的 IP 地址：192.168.2.150，IP 地址网关为 192.168.2.1，自动获取的 DNS 服务器地址为 8.8.8.8。内网 PC 机 IP 地址自动获取功能验证测试如图 S3-6 所示。

```
Ethernet adapter 本地连接:

        Connection-specific DNS Suffix  . :
        Description . . . . . . . . . . . : Realtek RTL8139 Family PCI Fast Ethe
rnet NIC
        Physical Address. . . . . . . . . : 00-E0-4C-20-A8-4E
        Dhcp Enabled. . . . . . . . . . . : Yes
        Autoconfiguration Enabled . . . . : Yes
        IP Address. . . . . . . . . . . . : 192.168.2.150
        Subnet Mask . . . . . . . . . . . : 255.255.255.0
        IP Address. . . . . . . . . . . . : fe80::2e0:4cff:fe20:a84e%8
        Default Gateway . . . . . . . . . : 192.168.2.1
        DHCP Server . . . . . . . . . . . : 192.168.2.1
        DNS Servers . . . . . . . . . . . : 8.8.8.8
                                            fec0:0:0:ffff::1%1
                                            fec0:0:0:ffff::2%1
                                            fec0:0:0:ffff::3%1
        Lease Obtained. . . . . . . . . . : 2014年5月28日 20:43:20
        Lease Expires . . . . . . . . . . : 2014年6月9日 10:30:00
```

图 S3-6 测试自动获取的 IP

📠 **相关知识**

如何查看 MAC 地址？

在 windows 操作系统中，点击"开始"菜单，选择"运行"，在打开的运行界面中输入"cmd"，如图 S3-7 所示。

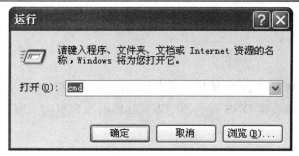

图 S3-7　cmd 命令

在弹出的窗口中输入 Ipconfig /all，查看本机的 IP 地址和 MAC 地址，如图 S3-8 所示。

图 S3-8　主机 IP 地址和 MAC 地址

思考

内网用户如果需要自动获取 IP 地址，有哪几种获取方法？

任务 3-2　防火墙 DNS 服务功能与实现

📖 **知识导入**

什么是 DNS 代理服务器

DNS(Domain Name System，域名系统)，是因特网上作为域名和 IP 地址相互映射的一个分布式数据库，能够使用户访问互联网更加方便，用户只需通过域名(如百度域名 www.baidu.com)即可访问互联网，而不用记忆 IP 地址串(如百度 IP 地址 111.13.100.92)。通过主机名，最终得到该主机名对应的 IP 地址的过程叫做域名解析(或主机名解析)。

🖳 **案例及分析**

某企业内网 192.168.2.0/24，要求通过防火墙的设置将内网用户 DNS 地址自动获取为防火墙内网口 DNS 服务器地址 218.240.250.101，使得内网用户能够解析成功并可以访问网页。

▤ 分析内容

　　该案例中要求内网用户 DNS 地址自动获取为防火墙内网口 DNS 服务器地址，因此可以采取对防火墙内网口设置 DNS 服务器的方式让内网用户自动获取 DNS 地址。

一、网络拓扑

网络拓扑如图 S3-9 所示。

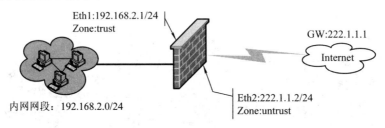

图 S3-9　网络拓扑

二、操作流程

第一步：在防火墙内网口配置 DNS 服务器。

　　进入防火墙登录界面后，选择网络选项卡中的 DNS 服务器选项，进行防火墙中 DNS 服务器的 IP 地址配置，手工设置 DNS 服务器 IP 地址为 218.240.250.101，由于是在内网口进行 DNS 服务器配置，因此虚拟路由器为 trust-vr。防火墙内网口 DNS 地址配置如图 S3-10 所示。

图 S3-10　DNS 地址配置

第二步：配置 DNS 代理

　　打开防火墙中的网络选项卡，点击 DNS 选项，选择代理，进行防火墙代理服务功能配置。域名中选择任意域，虚拟路由器同样为内网的 trust-vr，域服务器使用系统配置的 DNS 地址。点击确认后即可，此时 DNS 代理地址使用的是防火墙本身的 DNS 地址。DNS

代理配置如图 S3-11 所示。

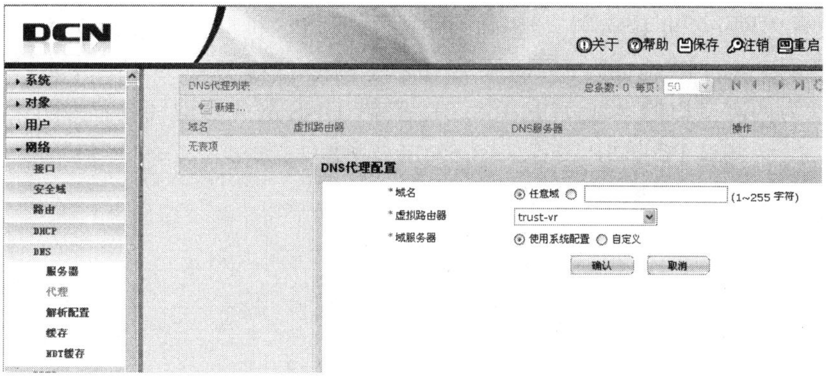

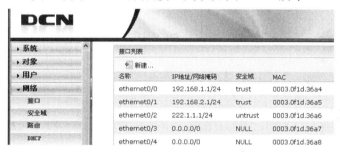

图 S3-11　DNS 代理配置

第三步：启用接口 DNS 代理。

打开防火墙中的网络选项卡，进入接口配置界面，设置 ethernet0/1 为内网接口，IP 地址为 192.168.2.1/24，安全域为 trust。形成接口列表如图 S3-12 所示。

图 S3-12　接口列表

由于内网用户是从内网接口上自动获取 DNS 服务器地址，因此在对内网接口 ethernet0/1 进行基本属性的配置后还需要进行 DNS 服务器高级属性的配置。编辑内网口 ethernet0/1，点击高级设置，在高级设置中将 DNS 代理 "启用" 选项勾选上。DNS 代理启用配置操作如图 S3-13 所示。

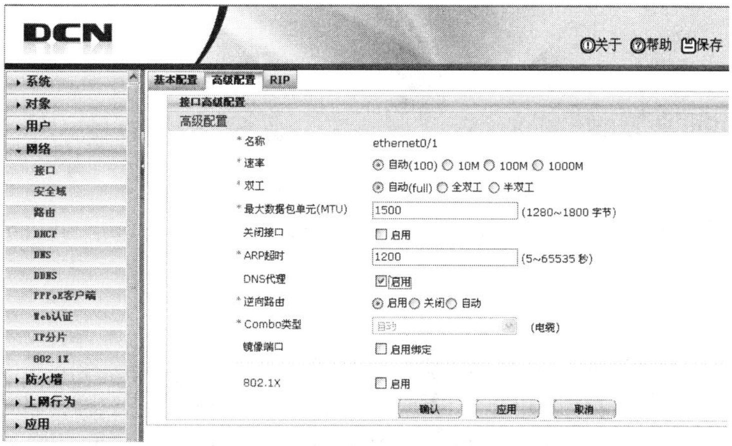

图 S3-13　ethernet0/1 接口启用 DNS 代理配置

第四步：测试。

(1) 设置内网 PC 机 IP 属性。选择内网中的一台 PC 机进行防火墙 DNS 服务器功能测试。设置内网 PC 的 IP 地址为 192.168.2.113，子网掩码为 255.255.255.0，网关可以为空，也可以设置为内网接口的地址：192.168.2.1，首选 DNS 服务器地址设置为防火墙内网口地址 192.168.2.1。测试 PC 机 IP 设置如图 S3-14 所示。

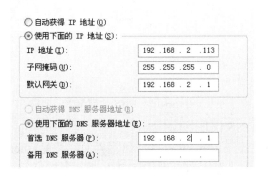

图 S3-14　测试 PC 机 IP 配置

(2) 配置 DNS 缓存。在防火墙上添加 DNS 缓存主机名为 www.baidu.com，IP 地址为 111.13.100.92，如图 S3-15 所示。

图 S3-15　设置缓存主机名

(3) 测试 DNS 代理。进入 cmd，输入 nslookup www.baidu.com，解析成功，说明 DNS 已经搭建完成。

🖮 **相关知识**

(1) DNS(Domain Name System，域名系统)是因特网上作为域名和 IP 地址相互映射的一个分布式数据库，能够使用户更方便地访问互联网，而不用去记住能够被机器直接读取的 IP 数串。通过主机名，最终得到该主机名对应的 IP 地址的过程叫做域名解析(或主机名解析)。DNS 协议运行在 UDP 协议之上，使用端口号 53。在 RFC 文档中 RFC 2181 对 DNS

有规范说明，RFC 2136 对 DNS 的动态更新进行说明，RFC 2308 对 DNS 查询的反向缓存进行说明。

(2) Nslookup 是一个监测网络中 DNS 服务器是否能正确实现域名解析的命令行工具。它在 Windows NT/2000/XP 中均可使用，在 Windows 98 中却没有集成这一工具。Nslookup 必须在安装了 TCP/IP 协议的网络环境中才能使用。

(3) 当 DNS 服务器和防火墙一起使用时，应考虑两件事：节点或企业的安全政策以及将使用的防火墙的类型。首先必须考虑安全政策，以决定哪些流量允许通过防火墙。其次防火墙的类型将决定数据在专用网络、DMZ 以及 Internet 之间将如何处理。防火墙可以有多种设置，DNS 也可以有相应的多种处理方法。关键是要注意两件事，其一是要使外部世界可以访问一台授权域名服务器，以便从本地解析可公用的主机；其二是内部的主机应能访问外部域名服务器(通过某种机制，如前向服务器或代理服务器)以便查找其他域的主机。

对域名服务器的最好保护措施是定期地备份域区和配置信息，而且应确保这些备份信息在需要恢复文件时立即可用。将一个安全域对外界隐藏起来当然是一种很好的保护措施，但对于想访问外部世界的网络的内部用户却不方便。备份域区信息的一种方法是指定一个备份 DNS 服务器，在主服务器上把它作为一个合法的辅服务器，主服务器上的每一个域区都能快速映射到辅服务器上。这种方法可以用于负载量很大的主服务器上，以减少备份时间。传统的拆分式 DNS 需要两台主服务器：一台在防火墙内，另一台在防火墙外。防火墙外的外部主域名服务器的域区文件只有少量的条目，一般只有域的 MX 记录、关于 WWW 和 IP 服务器的记录。另外，这些条目取决于防火墙的类型，有些条目是为了在由防火墙内部用户建立的会话过程中供外部主机用来进行反向查找的。因此在防火墙与 DNS 服务器结合使用时要根据内网用户的需求及整个网络系统的安全性考虑进行综合部署。

思考

防火墙的内网只允许某些端口、协议，指定主机名的机器通过访问，DNS 服务器如何进行设置？

任务 3-3　防火墙源路由服务功能与实现

📖 **知识导入**

什么是源路由？

源路由是一种基于源地址进行路由选择的策略，可以实现根据多个不同子网或内网地址有选择性地将数据包发往不同目的地址的功能。

🖥 **案例及分析**

某企业内网用户划分为两个 VLAN，一个 VLAN 用户为 192.168.2.0/24 网段，另一个 VLAN 用户为 192.168.3.0/24。通过防火墙连接外网的外网接口有两个：ethernet0/2 和 ethernet0/3，其中 ethernet0/2 接口连接 218.240.143.219/24 外网网段，ethernet0/3 接口连接 222.1.1.2/24 外网网段。内网用户属于 192.168.2.0/24 网段的，在访问外网时通过外网口 ethernet0/2 的外网线路；内网用户属于 192.168.3.0/24 网段的，在访问外网时通过 ethernet0/3 的外网线路。

📖 **分析内容**

在该案例中内网用户分为两个子网，每个子网用户访问外网时的链路均不同，这就需要在防火墙上进行源路由设置，使得不同内网用户进行各自路由的选择，进而访问外网。

一、网络拓扑

网络拓扑如图 S3-16 所示。

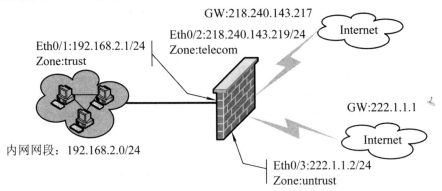

图 S3-16　网络拓扑

二、操作流程

第一步：设置接口地址，添加安全域。

(1) 在本案例的网络拓扑中内网访问外网有两条链路，防火墙默认的外网安全域为 untrust，其中的一条链路为内网 trust 安全域到外网 untrust 安全域的访问。那么另一条链路的外网安全域怎么描述呢？untrust 安全域已经被使用了，因此需要新建一个外网的安全域 telecom，为另一条链路的访问提供可能，即内网 trust 安全域到外网 telecom 安全域的访问。打开网络选项卡中的接口选项，点击安全域进行安全域配置。新建安全域 telecom，该安全域可以配置 IP 地址，因此安全域类型选择三层安全域，虚拟路由器选择系统默认的 trust-vr。新建安全域操作如图 S3-17 所示。

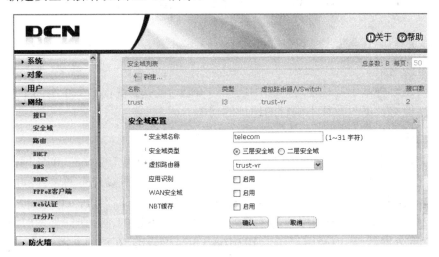

图 S3-17　新建安全域 telecom

创建好安全域后，该安全域会在安全域列表中出现，如图 S3-18 所示。

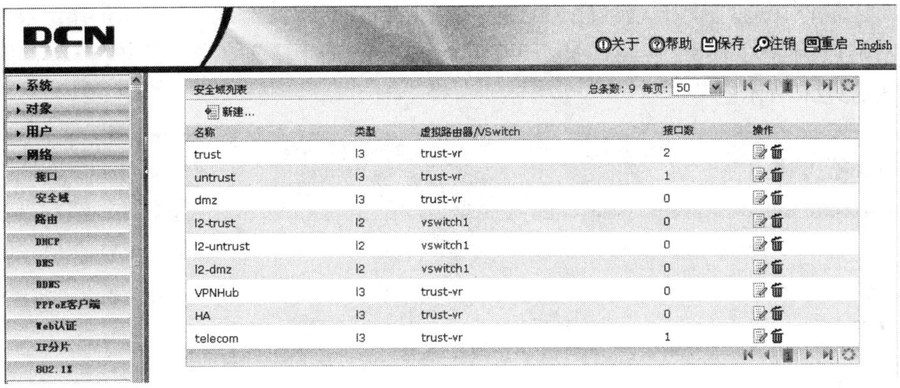

图 S3-18　安全域列表

(2) 设置接口地址。选择接口，设置接口地址和安全域类型。如设置 ethernet0/2 接口为三层安全域类型，安全域为新建的 telecom 安全域，IP/子网掩码为 218.240.143.219/24，ethernet0/2 接口配置如图 S3-19 所示。

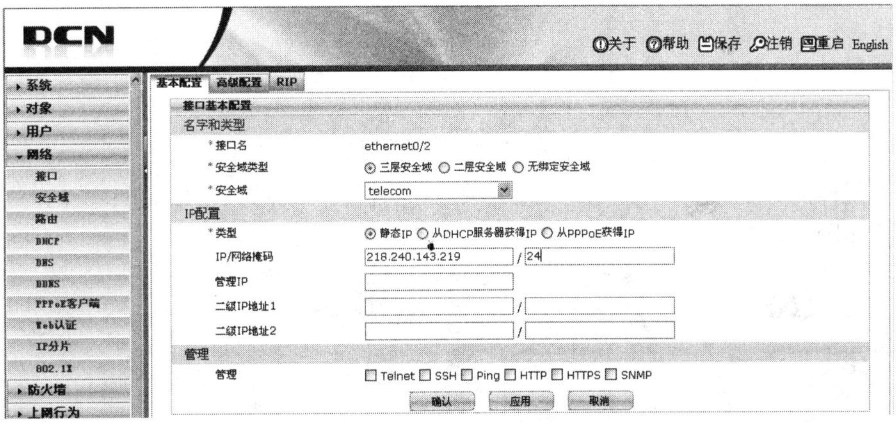

图 S3-19　设置 ethernet0/2 接口

参照 ethernet0/2 接口配置，完成 ethernet0/3 接口的配置操作。配置好的接口在接口列表中可以看到基本信息，如图 S3-20 所示。

图 S3-20　配置完成的接口列表

第二步：添加源路由。

在防火墙网络选项卡中选择路由选项，点击子菜单中的源路由项，新增一条源路由，设置内网网段为 192.168.2.0/24，从下一跳网关 218.240.143.217 访问外网。设置的源路由配置如图 S3-21 所示。

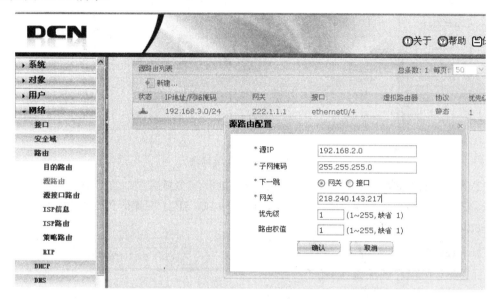

图 S3-21　配置源路由

使用同样的方法设置内网网段 192.168.3.0 通过下一跳网关 222.1.1.1 访问外网，其源路由配置如图 S3-22 所示。

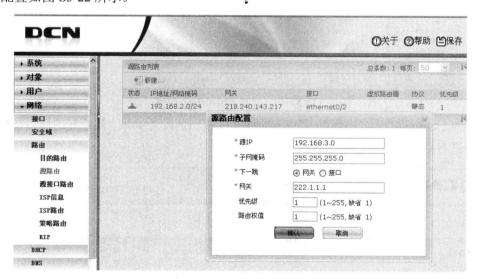

图 S3-22　配置源路由

第三步：设置源 NAT 策略。

路由配置完成后，就可以根据各自的路由进行源 NAT 的配置，形成源 NAT 列表，如图 S3-23 所示。

图 S3-23 配置后形成的源 NAT 列表

第四步：设置安全策略。

源 NAT 模式设置完成之后，就可以根据各自源 NAT 制定各自放行的安全策略。制定从 trust 安全域到 telecom 安全域的放行策略，源地址为 Any，目的地址为 Any。制定从 trust 安全域到 untrust 安全域的放行策略，源地址为 Any，目的地址为 Any。建好的策略形成策略列表如图 S3-24 所示。

图 S3-24 放行策略列表

第五步：测试。

(1) 设置内网网段 192.168.2.0/24 内的 PC 机，IP 地址为 192.168.2.2，子网掩码为 255.255.255.0，设置网关为内网接口 IP192.168.2.1，如图 S3-25 所示。

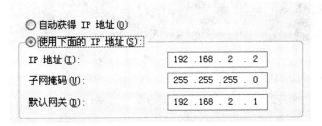

图 S3-25 内网网段 192.168.2.0/24 PC 机配置

设置外网网段内的 PC 机 IP 地址为 218.240.143.220，子网掩码为 255.255.255.0，设置网关为内网接口 IP 218.240.143.219，如图 S3-26 所示。

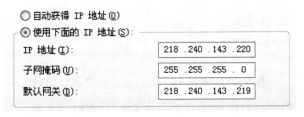

图 S3-26 外网网段 218.240.143.219/24 PC 机配置

　　设置外网网段内的 PC 机 IP 地址为 222.1.1.3，子网掩码 255.255.255.0，设置网关为内网接口 IP 222.1.1.2，如图 S3-27 所示。

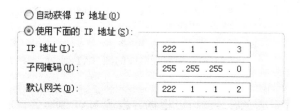

图 S3-27　外网网段 222.1.1.2/24 PC 机配置

　　该内网网段 PC 机测试外网网段内 PC 机 218.240.143.220 可以 Ping 通，Ping 外网网段内 PC 机 222.1.1.3 不可以 Ping 通。测试结果如图 S3-28 所示。

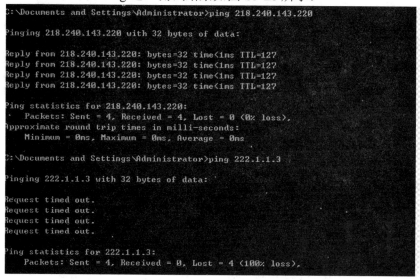

图 S3-28　内网 192.168.2.2 访问外网测试

　　(2) 设置内网网段 192.168.3.0/24 内的 PC 机，IP 地址为 192.168.3.2，子网掩码 255.255.255.0，设置网关为外网接口 192.168.3.1，该网段可以访问 222.1.1.3，如图 S3-29 所示。

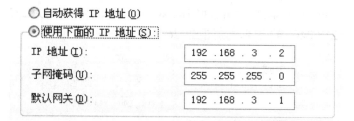

图 S3-29　内网 192.168.3.0/24 网段 PC 机配置

　　该内网网段 PC 机测试外网网段内 PC 机 222.1.1.3 可以 Ping 通，Ping 外网网段内 PC 机 218.240.143.220 不可以 Ping 通。测试结果如图 S3-30 所示。

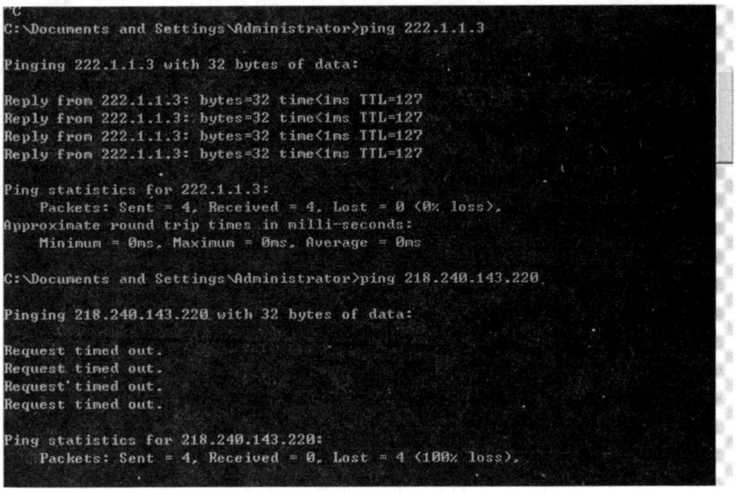

图 S3-30　内网 192.168.3.2 访问外网测试

⌨ 相关知识

源路由是什么，如何设置？

源路由是一种基于源地址进行路由选择的策略，可以实现根据多个不同子网或内网地址，有选择性地将数据包发往不同目的地址的功能。

例如，有某路由器连接两个内网，连接的接口分别为接口 A 和接口 B，该路由器还连接两个外网，连接的接口分别为接口 C 和接口 D，具体如下：

接口 A：192.168.1.0/24

接口 B：192.168.2.0/24

接口 C：10.10.10.10/30

接口 D：20.20.20.20/30

要求网络 A 的请求访问发往网络 C，而网络 B 的请求访问发往网络 D，可以这样设置源路由：

SourceIP/NetMask GateWay Interface

192.168.1.0/24 10.10.10.09 接口 C

192.168.2.0/24 20.20.20.19 接口 D

思考

(1) 在防火墙网络拓扑中，网络地址的子网掩码 29 位表示什么？

(2) 防火墙源路由设置模式与源 NAT 配置模式有什么联系与区别？

任务 3-4　防火墙负载均衡服务功能与实现

📖 知识导入

1. 什么是负载均衡

负载均衡(又称为负载分担，Load Balance)就是将负载(工作任务)进行平衡、分摊到多个操作单元上执行，例如 Web/FTP 服务器、IP 服务器、企业关键应用服务器和其它关键任务服务器等，从而共同完成工作任务。负载均衡建立在现有网络结构之上，提供了一种廉价有效且透明的方法扩展网络设备和服务器的带宽，增加吞吐量，加强网络数据处理能力，提高网络的灵活性和可用性。需要指出的是负载均衡设备不是基础网络设备，而是一种性能优化设备。对于网络应用而言，并不是一开始就需要负载均衡，当网络应用的访问量不断增长，单个处理单元无法满足负载需求，网络应用流量将要出现瓶颈时，负载均衡才会起到作用。

2. 负载均衡在防火墙中的作用

为保障内网对外网的访问能够正常进行，在防火墙上设置对等的访问链路，如果一条链路出现故障，可以通过另一条链路进行外网的访问。

📖 案例及分析

某企业内网为 192.168.2.0/24，要求：

(1) 内网访问外网时两条外网负载均衡；

(2) 一旦其中一条链路出现故障后，可以通过另外一条链路访问外网。

📋 分析内容

在该案例中企业内网到外网需要建立两条链路，当一条出现问题的时候，另一条链路启用，保证网络畅通，这就要求对防火墙配置负载均衡，提高网络的可靠性。

一、网络拓扑

网络拓扑如图 S3-31 所示。

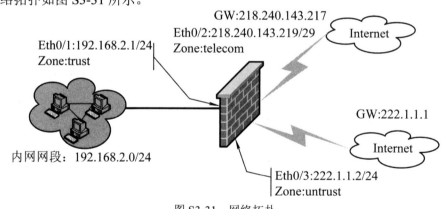

图 S3-31 网络拓扑

二、操作流程

第一步：设置接口地址，添加安全域。

在本案例中，网络拓扑中内网访问外网同样有两条链路，防火墙默认的外网安全域为 untrust，其中的一条链路为内网 trust 安全域到外网 untrust 安全域的访问。那么另一条链路的外网安全域怎么描述呢？这里需要新建一个外网的安全域 telecom，为另一条链路的访问提供可能，即内网 trust 安全域到外网 telecom 安全域的访问。新建安全域的操作参照任务 3-3 "防火墙源路由服务功能"与实现中关于新建 telecom 安全域的详细介绍，这里不再重复介绍。打开网络选项卡中的接口选项，点击安全域进行安全域配置。新建安全域 telecom，该安全域可以配置 IP 地址，因此安全域类型选择三层安全域，虚拟路由器选择系统默认的 trust-vr。新建 telecom 安全城配置如图 S3-32 所示。

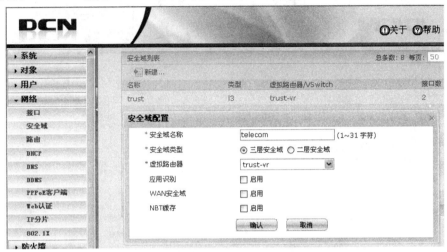

图 S3-32   新建 telecom 安全域

按照网络拓扑结构，设置 ethernet0/1 接口为内网口，IP 地址为 192.168.2.1/24，安全域为 trust；设置 ethernet0/2 接口为外网口，IP 地址为 218.240.143.219/29，安全域为 telecom；设置 ethernet0/3 接口为外网口，IP 地址为 222.1.1.2/24，安全域为 untrust。配置完成的接口信息可以在接口列表中查看到，接口列表如图 S3-33 所示。

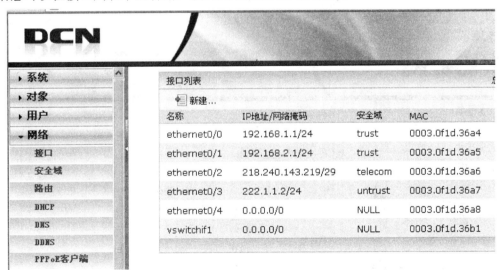

图 S3-33   接口列表

第二步：添加路由，选择均衡方式，设置监控地址。

1）添加路由

根据企业需求，内网访问外网有两条链路，即防火墙的两条外线，且两条链路要求实现负载均衡，需要创建两条等价的缺省路由。所谓等价就是路由优先级相同。

我们可以先创建第一条缺省路由，选择路由选项中的目的路由，点击新建，设置目的 IP 为 0.0.0.0，子网掩码为 0.0.0.0，下一跳网关为 222.1.1.1，优先级设置为 1，路由权值设置为 1。目的路由配置如图 S3-34 所示。

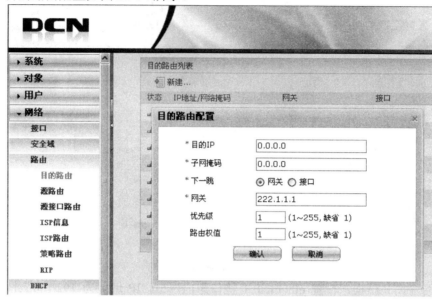

图 S3-34　配置目的路由

创建第二条缺省路由，设置目的 IP 为 0.0.0.0，子网掩码为 0.0.0.0，下一跳网关为 218.240.143.217，优先级设置为 1，路由权值设置为 1。路由创建成功后，可以在目的路由列表中看到创建的两条缺省等价路由。创建好的路由在路由列表中以可用路由显示，如图 S3-35 所示。

图 S3-35　路由列表

2) 选择设置均衡方式

防火墙做负载均衡时有三种均衡方式，设置均衡方式只能在命令行下实现：

DCFW-1800(config)# ecmp-route-select ?

by-5-tuple　　　Configure ECMP Hash As 5 Tuple

by-src　　　　Configure ECMP Hash As Source IP

by-src-and-dst Configure ECMP Hash As Source IP and Dest IP

其中：

by-5-tuple 是基于五元组(源 IP 地址、目的 IP 地址、源端口、目的端口和服务类型)做哈希(hash)选路。

by-src 是基于源 IP 地址作哈希选路。

by-src-and-dst 是基于源 IP 地址和目的 IP 地址作哈希选路。默认情况下，基于源 IP 地址和目的 IP 地址作哈希选路。

因此，我们选择防火墙默认配置模式： by-src-and-dst 均衡方式。

使用 telnet 远程登录到防火墙，使用命令方式进行配置，命令：telnet 192.168.1.1，login: admin，password: admin，在命令方式下，密码部分不显示，如图 S3-36 所示。

图 S3-36　登录防火墙

使用 configure 命令进入全局模式，进行负载均衡配置，如图 S3-37 所示。

```
DCFW-1800# configure
DCFW-1800(config)# ecmp-route-select ?
  by-5-tuple         Configure ECMP Hash As 5 Tuple
  by-src             Configure ECMP Hash As Source IP
  by-src-and-dst     Configure ECMP Hash As Source IP and Dest IP
DCFW-1800(config)# ecmp-route-select by-src-and-dst
```

图 S3-37　负载均衡设置

3) 设置监控地址

设置监控地址的目的是一旦检测到监控地址不能通讯，则内网访问外网的数据包不再转发到该外网口，只将数据包从另外一条外线转发。防火墙操作系统 4.0R4 及之前的版本只能在命令行下设置监控地址，同样可以采用 telnet 登录方式进行防火墙命令配置，具体操作可以参照 2)中的 telnet 登录防火墙方式，这里不再重复介绍。登录成功后同样在全局模式下进行监控地址的设置，操作如下：

(1) 设置监控对象，监控对象为 track-for-eth0/2，监控地址是 218.240.143.217，监控数据包出接口为 ethernet0/2 接口。具体如下：

track "track-for-eth0/2"

IP 218.240.143.217 interface ethernet0/2

(2) 设置监控对象，监控对象为 track-for-eth0/3，监控地址是 222.1.1.1，监控数据包出接口为 ethernet0/3 接口。具体如下：

track "track-for-eth0/3"

IP 222.1.1.1 interface ethernet0/3

(3) 进行监控设置。

interface ethernet0/2

zone "untrust"

IP address 218.240.143.219　255.255.255.248 monitor track "track-for-eth0/2" interface ethernet0/3

zone "untrust"

IP address 222.1.1.1 255.255.255.0 monitor track "track-for-eth0/3"

第三步：设置源 NAT 策略。

对两条链路都要创建 SNAT 策略。此处不再详细描述，具体参照任务 1：防火墙 SNAT 配置。为两条链路创建好的 SNAT 模式如图 S3-38 所示。

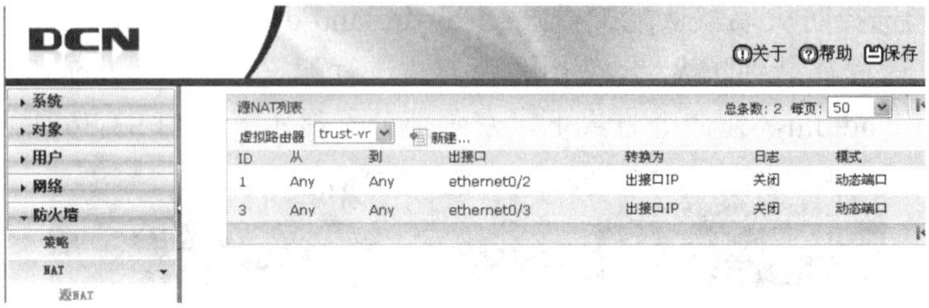

图 S3-38 设置源 NAT 模式

第四步：设置安全策略。

为两条链路创建安全策略，分别是从 trust 到 untrust 的安全策略，trust 到 telecom 的安全策略，源地址均为 Any，目的地址均为 Any，创建完成的策略在策略列表中显示，如图 S3-39 所示。

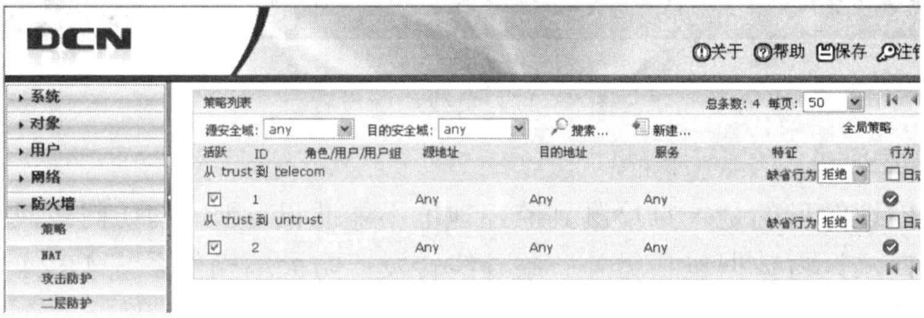

图 S3-39 安全策略列表

第五步：测试。

1) 使用 telnet 远程登录防火墙查看端口监控状态

使用 telnet 远程登录到防火墙上，使用 show track track-for-eth0/2 命令查看对 ethernet0/2 端口设置的负载均衡，这里会显示监控主机，监控的 IP 地址，出接口的信息，如图 S3-40 所示。

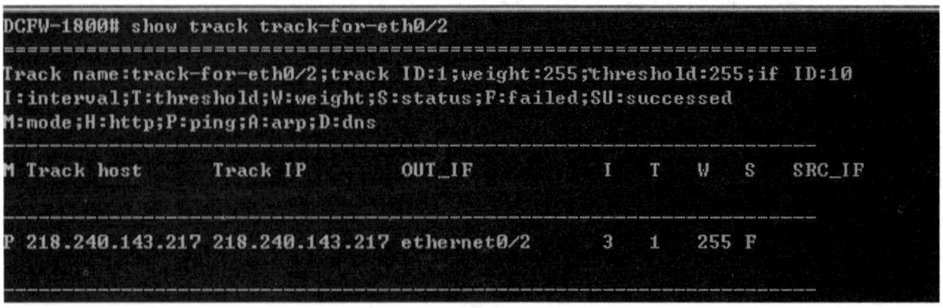

图 S3-40 ethernet0/2 接口监控信息

同样方法，使用 show track track-for-eth0/3 命令查看对 ethernet0/3 端口设置的负载均衡，这里会显示监控主机，监控的 IP 地址，出接口的信息，如图 S3-41 所示。

```
DCFW-1800# show track track-for-eth0/3
======================================================================
Track name:track-for-eth0/3;track ID:2;weight:255;threshold:255;if ID:11
I:interval;T:threshold;W:weight;S:status;F:failed;SU:successed
M:mode;H:http;P:ping;A:arp;D:dns

M Track host      Track IP        OUT_IF          I   T   W   S   SRC_IF
_____

P 222.1.1.1       222.1.1.1       ethernet0/3     3   1   255 F
```

图 S3-41　ethernet0/3 接口监控信息

2) 内外网 PC 机测试

首先把外网中的 PC 机配置好，这里设定外网 PC 机 IP 为 218.240.143.20，子网掩码为 255.255.255.248。特别注意，由于 ethernet0/2 接口设置的 IP 其子网掩码为 29 位，不是标准的 24 位子网掩码，由此可以看出进行了子网划分，因此与之连接的外网的 IP 必须符合子网划分的要求。这里选择的外网 IP 为 218.240.143.20，符合子网划分的要求。同时保证外网 PC 机与防火墙外网口 ethernet0/2 连接正常，然后使用内网 PC 机对其进行测试。测试结果如图 S3-42 所示。

```
C:\Documents and Settings\ymw>ping 218.240.143.20

Pinging 218.240.143.20 with 32 bytes of data:

Reply from 218.240.143.20: bytes=32 time<1ms TTL=64
Reply from 218.240.143.20: bytes=32 time<1ms TTL=64
Reply from 218.240.143.20: bytes=32 time<1ms TTL=64
Reply from 218.240.143.20: bytes=32 time<1ms TTL=64

Ping statistics for 218.240.143.20:
    Packets: Sent = 4, Received = 4, Lost = 0 (0% loss),
Approximate round trip times in milli-seconds:
    Minimum = 0ms, Maximum = 0ms, Average = 0ms
```

图 S3-42　内网与 ethernet0/2 接口外网 PC 机测试

对 ethernet0/2 接口连接的外网测试完成后，可设置与 ethernet0/3 接口连接的外网 PC 机，这里 ethernet0/3 接口设置的 IP 子网掩码为 24 位，为标准的子网掩码，因此 IP 地址可以任意选定，这里选择 222.1.1.10。那么内网 PC 机与该外网内的 PC 机的测试结果如图 S3-43 所示。

```
C:\Documents and Settings\ymw>ping 222.1.1.10

Pinging 222.1.1.10 with 32 bytes of data:

Reply from 222.1.1.10: bytes=32 time<1ms TTL=64
Reply from 222.1.1.10: bytes=32 time<1ms TTL=64
Reply from 222.1.1.10: bytes=32 time<1ms TTL=64
Reply from 222.1.1.10: bytes=32 time<1ms TTL=64

Ping statistics for 222.1.1.10:
    Packets: Sent = 4, Received = 4, Lost = 0 (0% loss),
Approximate round trip times in milli-seconds:
    Minimum = 0ms, Maximum = 0ms, Average = 0ms
```

图 S3-43　内网与 ethernet0/3 接口外网 PC 机测试

📖 **相关知识**

(1) 负载均衡有两方面的含义：一层含义是单个重负载的运算分担到多台节点设备上做并行处理，每个节点设备处理结束后，将结果汇总，返回给用户，使系统处理能力得到大幅度提高，这就是所谓的集群(clustering)技术；第二层含义是大量的并发访问或数据流量分担到多台节点设备上分别处理，减少用户等待响应的时间，这主要针对 Web/Ftp 服务器、IP 服务器以及企业关键应用服务器等网络应用。通常，负载均衡会根据网络的不同层次来划分。其中，第二层的负载均衡指将多条物理链路当作一条单一的聚合逻辑链路使用，这就是链路聚合(Trunking)技术，它不是一种独立的设备，而是交换机等网络设备的常用技术。现代负载均衡技术通常应用于网络的第四层或第七层，这是针对网络应用的负载均衡技术，它完全脱离于交换机、服务器而成为独立的技术，这也是将要讨论的对象。近几年来，四到七层网络负载均衡首先在电信、移动、银行、大型网站等单位进行了应用，因为其网络流量瓶颈的现象最突出。这也就是为何每通一次电话，就会经过负载均衡设备的原因。另外，在很多企业，随着企业关键网络应用业务的发展，负载均衡的应用需求也越来越大。

思考

防火墙中的负载均衡配置与网络交换机中的负载均衡配置有什么区别？

项目实训三 基于防火墙的网络服务功能实现

实训目的

(1) 会根据用户需求分析防火墙所需 NAT 模式；

(2) 能熟练配置防火墙各种 NAT 模式；

(3) 能够根据需求配置防火墙服务器模式。

实训环境

某企业公司内部用户 PC 机属于 192.168.2.1/24 网段，欲通过防火墙访问到 172.22.1.1/24 网段的 Internet 网络，同时在防火墙上挂载有一台 Web ServerA 的服务器：172.22.1.120/32，网络拓扑如图 S3-44 所示。

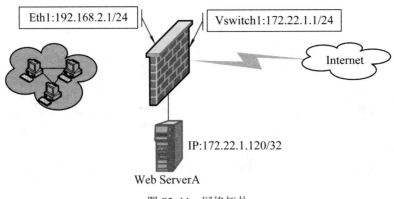

图 S3-44   网络拓扑

实训要求

(1) 内网 192.16218.2.0/24 可以访问外网 172.22.1.1/24；

(2) 内网可以访问服务器 Web Server A；

(3) 外网 172.22.1.1/24 可以访问 Web Server A；

(4) 内网 192.168.2.0/24 中的 PC 机不配置地址，需要从防火墙动态获取 IP 地址，要求 IP 地址为 192.168.2.10-192.168.2.100。

项目 4　基于防火墙的信息过滤控制与实现

项目背景

防火墙在实际网络应用中，可以实现对网络内外网相互通信的访问，具备像 DHCP 服务器等服务功能外，其特色功能体现在对内网用户的上网行为进行各种限制，如常见的流量控制、IP-MAC 绑定、应用软件使用限制、上网行为安全认证、网页地址过滤、网页内容过滤等技术，以保证内网用户上网的安全性。

✎ 学习目标

- ◆ 掌握防火墙的流量控制功能。
- ◆ 掌握防火墙的 Web 安全认证功能。
- ◆ 掌握防火墙的 QoS 限制功能。
- ◆ 掌握防火墙的地址过滤功能。
- ◆ 掌握防火墙的关键字过滤功能。

关键技术

流量控制技术、Web 安全认证技术、过滤技术等。

任务 4-1　网络通信访问控制与实现

📖 知识导入

1. 什么是会话限制

基于源的会话限制，将限制来自相同源地址的并发会话数目，可以阻止像 Nimda、冲击波这样的病毒和蠕虫的 DoS 攻击。这类病毒会感染服务器，然后从服务器产生大量的信息流。由于所有由病毒产生的信息流都始发于相同的 IP 地址，因此基于源的会话限制可以保证防火墙能抑制这类巨量的信息流的传输。当来自某个 IP 地址的并发会话数达到最大限制值后，防火墙开始封锁来自该 IP 地址的所有其他连接尝试。

2. 什么是 IP-MAC 绑定

MAC 相当于每片网卡的身份证，IP 最终需要解析到 MAC 上，一般只在本 IP 段中有效。ARP 攻击也就是利用伪造的 MAC 来扰乱正常的网络通信，IP 和 MAC 绑定可以在一定程度上防止 ARP 欺骗。

🖳 案例及分析

某企业内网为 192.168.2.0/24，为防止企业电脑被病毒或黑客破坏，要求在防火墙设置会话限制并与 IP-MAC 绑定。具体如下：

1. 要求针对内网每个 IP 限制会话数到 300 条。

2. 手工将内网某个 IP 和 MAC 绑定在防火墙上。

3. 设置防火墙自动扫描内网某个 IP 网段，然后将扫描的 ARP 信息全部绑定。

一、网络拓扑

网络拓扑如图 S4-1 所示。

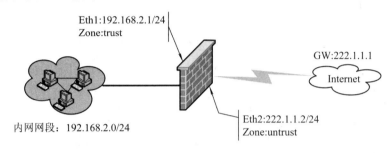

图 S4-1   网络拓扑

二、操作流程

第一步：配置会话限制。

登录防火墙配置界面，选择防火墙选项卡中的会话限制选项，进入到会话限制配置。选择安全域 trust 及限制条件。案例中要求内网每个 IP 限制会话数到 300 条，因此选中"IP 限制"复选框，选择 IP 中的 Any 选项，会话数中输入指定条目数 300，配置会话限制如图 S4-2 所示。

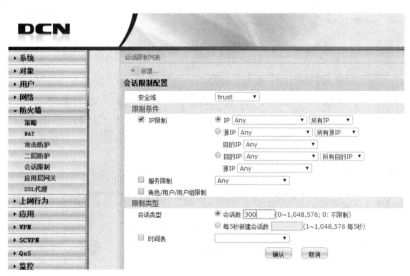

图 S4-2   配置会话限制

第二步：手工绑定 IP-MAC 信息。

在防火墙选项卡中选择二层防护选项，选择其中的静态绑定子菜单。在右边的 ARP 列表中可以看到防火墙自动学习的 ARP 信息，我们将 192.168.1.13 的 ARP 信息手工绑定在防火墙上，复选框选中后，点击操作中对应的图标即可，自动学习环境下的 IP-MAC 绑定如图 S4-3 所示。

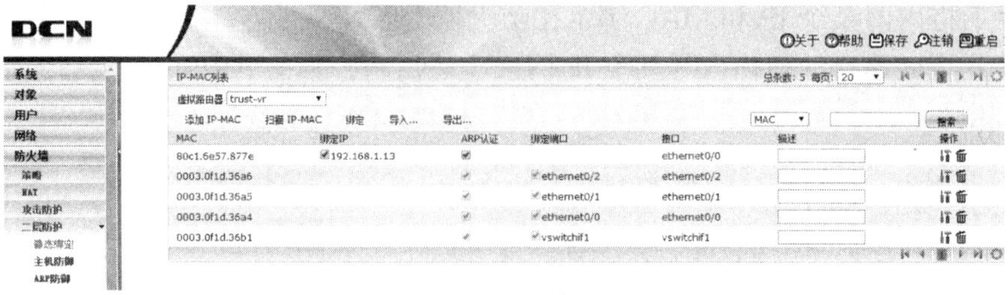

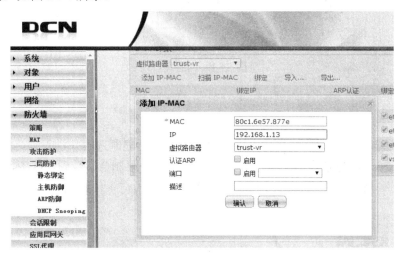

图 S4-3　自动学习环境下的 IP-MAC 绑定

如果防火墙并非自动学习到该 IP 的 ARP 信息，我们可以使用手工输入 IP 和 MAC 的方式来绑定，如图 S4-4 所示。

图 S4-4　手工输入环境下的 IP-MAC 绑定

第三步：在防火墙上自动扫描地址范围。

在防火墙选项卡中选择二层防护选项，选择其中的静态绑定子菜单，输入要扫描的地址范围，起始 IP 地址为 192.168.1.1，终止 IP 地址为 192.168.1.254，点击确认，开始扫描，如图 S4-5 所示。

图 S4-5　设置自动扫描地址范围

第四步：将扫描后的 ARP 信息全部绑定。

防火墙扫描完后将学习到的 ARP 信息显示在 ARP 列表中，此时点击绑定所有，防火墙就会将扫描的 ARP 信息全部绑定在防火墙上，如图 S4-6 所示。

图 S4-6　ARP 信息绑定

任务 4-2　局域网带宽及应用访问控制与实现

📖 知识导入

1. 什么是 IP QoS

IP QoS 是指 IP 的服务质量，也是指 IP 数据流通过网络时的性能。它的目的就是向用户提供端到端的服务质量保证。它有一套质量指标，包括业务可用性、延迟、抖动、吞吐量和丢包率。通常 IP QoS 只对网络中的 IP 流量进行控制。

2. 什么是应用 QoS

应用 QoS 的目的是限制某些应用的上行和下行带宽，保证上网速度。

🖥 案例及分析

某企业内网默认网段为 192.168.2.0/24，外网网关为 222.1.1.1，要求限制内网用户的带宽，并保证 HTTP、SMTP 的使用。企业内网环境如下：出口带宽为 50 Mbps，外网为 ethernet 0/2 接口。为实现不同部门用户带宽需求，将内网网段划分为两个网段：172.168.1.0/24 和 192.168.2.0/24，其中 192.168.2.0/24 网段为默认网段。要求：

(1) 172.168.1.1～172.168.1.100 需限制其上行带宽为 500 Kbps/IP，下行带宽为 5 Mbps/IP，允许出口带宽空闲时突破 500 Kbps/IP。192.168.2.0/24 网段中每个 IP 下载 300 Kbps，上传整个网段共享 10 Mbps。

(2) P2P 应用需限制其下行带宽为 10 Mbps，上行带宽最大为 5 Mbps。HTTP 和 SMTP 应用下载保障为 20 Mbps，上传保障为 10 Mbps。

📑 分析内容

企业内网分为两个网段，两个网段都对各自的每个 IP 提出了上传、下载的数据流量的限定要求，这种要求需要通过对各个网段设置 IP QoS 策略。而在外网访问过程中对其中的 P2P 应用行为进行上行带宽和下行带宽的设置是典型的 QoS 应用策略部署。

一、网络拓扑

网络拓扑如图 S4-7 所示。

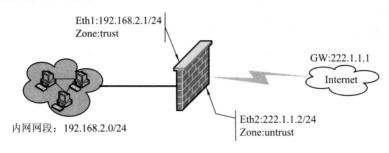

图 S4-7 网络拓扑

二、操作流程

1. 案例要求一

对局域网中的两个不同内网段的 PC 机下载带宽做了限制,因此需要对局域网内网中的不同网段 PC 做 IP QoS 控制。具体实现步骤如下:

第一步:划分接口。

结合网络拓扑结构,设置内网口为 ethernet0/1 接口,接口 IP 为 192.168.2.1/24。

第二步:指定接口带宽。

在 QoS 选项卡中选择接口带宽菜单选项进行配置,默认带宽为物理上承载的最高支持带宽。用户可以根据实际带宽值指定接口的上行带宽、下行带宽,指定接口出口 ISP 承诺带宽值。如果需要使用弹性 QoS 功能,只需要点击开启弹性 QoS 全局配置即可,接口带宽配置如图 S4-8 所示。

图 S4-8 接口带宽配置

当启用弹性 QoS 功能时,用户可以为全局弹性 QoS 设置最大和最小两个门限制,缺省最小门限值为 75%,缺省最大门限值为 85%。默认情况下,开启弹性 QoS 功能后,当出口带宽利用率小于 75%时,用户可以使用的实际带宽缓慢的呈线性增长(用户可配置该增长速率);当带宽利用率达到 85%时,用户可以使用的实际带宽呈指数减少,直到实际限定的带宽；当接口带宽使用率在最小门限和最大门限之间的时候，弹性 QoS 处于稳定状态，即用户带宽不会增加也不会减少。

第三步：配置 IP QoS 策略。

(1) 在防火墙 QoS 选项卡选择 IP QoS 菜单选项进行 IP QoS 策略配置。为达到限定 172.168.1.1-172.168.1.100 中每个 IP 的上行带宽为 500 Kbps，下行带宽为 5 Mbps/IP，在出口带宽空闲时允许突破 500 Kbps/IP 的要求，需要在接口绑定中选择外网口 ethernet 0/2，在 IP 地址中输入 IP 范围 172.168.1.1-172.168.1.100，由于系统默认的带宽单位为 Kbps，因此上行中最大带宽输入 500，下行中最大带宽输入 5000 即可。由于允许出口带宽空闲时突破 500 Kbps/IP，因此在弹性 QoS 中选中下行复选框，输入 500 即可，操作结果如图 S4-9 所示。

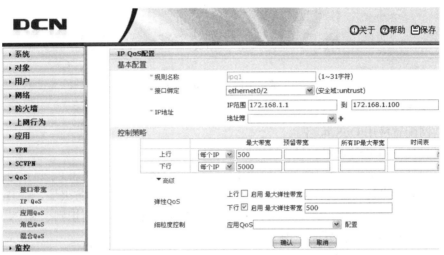

图 S4-9　IP QoS 策略配置上行、下行带宽

(2) 在防火墙 QoS 选项卡中选择 IP QoS 菜单选项，设置 IPQoS 策略。为新设置的策略制定规则名称为 IPQ2，接口绑定为外网接口 ethernet0/2，要实现下载带宽限定为 192.168.2.0/24 网段则 IP 范围设定为 192.168.2.1-192.168.2.255。每个 IP 下载带宽最大为 300 Kbps，可以设置每个 IP 最大下行带宽为 300 Kbps；为实现整个网段上传最大占用 10 Mbps 带宽的要求，设置每个 IP 最大上行带宽 10000 Kbps，操作结果如图 S4-10 所示。

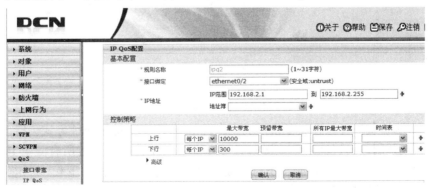

图 S4-10　IP QoS 策略配置下载带宽、上传带宽

匹配 IP 地址条目可以添加多条，类型支持 IP 范围和地址簿两种方式。接口绑定可以是内网接口或外网接口，绑定到该接口的 QoS 策略对流经该接口的所有限定 IP 地址范围内的流量均有效。绑定到外网接口时上下行控制策略对应内网用户上传/下载，绑定到内网接口时上下行控制策略对应下载/上传。

第四步：显示已配置的控制策略。

添加后策略会在 IP QoS 列表显示，如果多条策略的 IP 地址范围重叠，请点击策略右侧箭头移动策略位置，从上至下第一条匹配到的策略生效。如需修改策略，可点击策略右侧编辑图标编辑。IP QoS 列表如图 S4-11 所示。

IP QoS列表

启用	规则名称	接口绑定	IP地址	上行(kbps)	下行(kbps)	细粒度控制	操作
☑	ipq1	ethernet0/2	172.168.1.1-- 172.168.1.100	每个IP:最大带宽 500	每个IP:最大带宽 50000		
☑	ipq2	ethernet0/2	192.168.2.1-- 192.168.2.255	每个IP:最大带宽 10000	每个IP:最大带宽 300		编辑

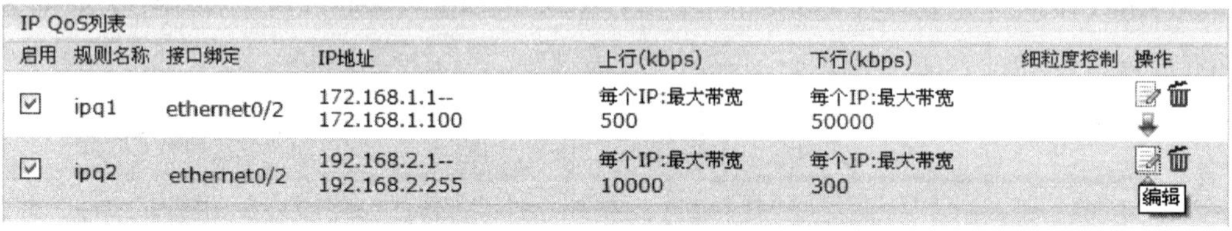

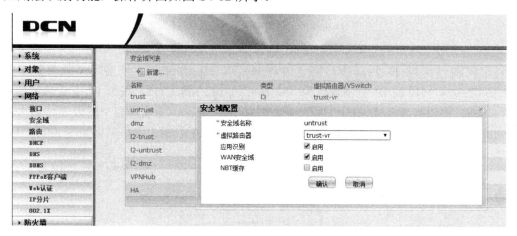

图 S4-11　IP QoS 列表

2. 案例要求二

对内网配置应用 QoS 策略。

第一步：开启应用识别。

防火墙默认不对带“*”号服务做应用层识别，因此如果需要对 BT、迅雷等应用做基于应用的 QoS 控制，需要开启外网安全域的应用识别功能。进入防火墙，打开网络选项卡，选择“安全域”选项，针对外网口所属安全域 untrust 启用应用识别、WAN 安全域两个应用层识别功能，操作界面如图 S4-12 所示。

图 S4-12　启用安全域

匹配 IP 地址条目可以添加多条，类型支持 IP 范围和地址簿两种方式。接口绑定可以是内网接口或外网接口，绑定到该接口的 QoS 策略对流经该接口的所有限定 IP 范围内的流量均有效。绑定到外网接口时上下行控制策略对应内网用户上传/下载，绑定到内网接口时上下行控制策略对应下载/上传。

第二步：配置应用 QoS 策略-限制 P2P。

在防火墙 QoS 选项卡中选择应用 QoS 菜单选项进行应用 QoS 策略配置。在基本配置中，对新建的应用策略可以进行规则名称的命名，可命名为 app_p2p，对应的接口绑定为 ethernet0/2，在应用中选择 P2P 相关的所有服务，具体有"P2P 下载"应用和"P2P 视频"应用两个应用。在控制策略部分，对 P2P 应用上行/下行带宽进行限制设置，设置上行最大带宽为 5000 Kbps(即要求中的上传最大为 5 Mbps)，下行最大带宽设置为 10000 Kbps(即限制下行带宽为 10 Mbps)，最后点击"添加"按钮即可，操作界面如图 S4-13 所示。

图 S4-13　新建应用 QoS 安全策略

应用 QoS 安全策略全局有效，对流经该绑定接口的所有限制服务的流量均生效。匹配应用条目可以添加多条，类型支持预定义服务(组)或自定义服务(组)。接口绑定可以是内网接口或外网接口，绑定到该接口的 QoS 策略对流经该接口的所有限定 IP 范围内的流量均起效。绑定到外网接口时上行/下行控制策略对应内网用户上传/下载，绑定到内网接口时上行/下行控制策略对应下载/上传。

第三步：配置应用 QoS 策略-保障正常应用。

(1) 在防火墙 QoS 选项卡中选择应用 QoS 菜单选项，设置应用 QoS 策略。为 ethernet0/2 接口设置应用 QoS 策略，新建规则名称为 app_ensure1，接口绑定为 ethernet0/2，应用中选择"HTTP"应用和"SMTP"应用，在带宽设置中上行带宽选择最小带宽为 10000 Kbps。细粒度控制中选择 IP QoS 配置，操作界面如图 S4-14 所示。

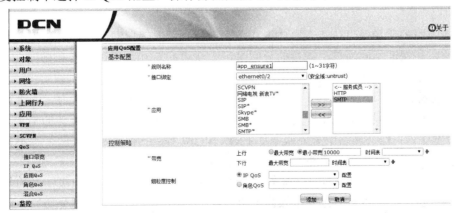

图 S4-14　ethernet0/2 接口配置 HTTP-SMTP 上行应用 QoS 策略

（2）在防火墙 QoS 选项卡中选择应用 QoS 菜单选项，设置应用 QoS 策略。为 ethernet0/1 接口设置应用 QoS 策略，新建规则名称为 app_ensure2，接口绑定为 ethernet0/1，应用中选择 "HTTP" 应用和 "SMTP" 应用，在带宽设置中上行带宽选择最小带宽为 20 000 Kbps。细粒度控制中选择 IP QoS 配置，操作界面如图 S4-15 所示。

图 S4-15　ethernet0/1 接口配置 HTTP-SMTP 上行应用 QoS 策略

第四步：显示已配置应用 QoS 策略。

添加后策略会在应用 QoS 列表中显示，如果多条策略的应用重叠，请点击策略右侧箭头移动策略位置，从上至下第一条匹配到的策略生效，生成的应用 QoS 策略列表如图 S4-16 所示。如需修改策略，可点击策略右侧编辑图标编辑。

启用	规则名称	接口绑定	应用	上行(kbps)	下行(kbps)	细粒度控制
☑	app_p2p	ethernet0/2	P2P下载 P2P视频	最大带宽5000	最大带宽10000	
☑	app_ensure1	ethernet0/2	HTTP SMTP	最小带宽10000		
☑	app_ensure2	ethernet0/1	HTTP SMTP	最小带宽20000		

图 S4-16　新建安全策略列表

📖 相关知识

防火墙的服务质量保障功能主要体现在传输过程中，能够根据源、目的和协议参数限制不同的速率并保证不同流量，流量的分配是用大量可配置参数通过测量和排列 IP 包的方式实现的，主要体现在以下几个方面：

（1）带宽限制：可以对用户 IP 地址、服务等通过防火墙的带宽进行限制，即进行不同的带宽限制。例如：限制某个用户对外访问的最大带宽，或者访问某种服务的最大带宽。

（2）带宽保证：保证网络中重要服务如 ERP、VOIP 等，或者重要用户的带宽不被其他服务或者用户占用，从而保证了重要数据优先通过网络。

（3）优先级控制：对不同的网络服务设置不同的优先级别，保证优先级别高的数据优先进出网络。例如：设置对时延要求极高的语音和视频服务可以调高其优先级别，保证该类数据优先进出网络，保证服务效果。

思考

企业为了保证内网网络速度流畅，对内网用户上网的 BT 下载进行限定，要求下载速度限制为 5 Mbps，如何实现？

任务 4-3　Web 安全认证控制与实现

📖 知识导入

什么是 Web 安全认证？

Web 安全认证方案首先需要给用户分配一个地址，用于访问门户网站，在登录窗口上键入用户名与密码，然后通过 Radius 客户端去 Radius 服务器认证。如果认证通过，则触发客户端重新发起地址分配请求，给用户分配一个可以访问外网的地址。用户下线时通过客户端发起离线请求。

💻 案例及分析

某企业内网 192.168.2.0/24，要求通过防火墙的设置实现内网用户访问外网时，需要 Web 认证。内网用户首次访问 Internet 时需要通过 Web 认证才能上网。且内网用户划分为两个用户组 usergroup1 和 usergroup2，其中 usergroup1 组中的用户在通过认证后仅能浏览 Web 页面，usergroup2 组中的用户通过认证后仅能使用 FTP。

一、网络拓扑

网络拓扑如图 S4-17 所示。

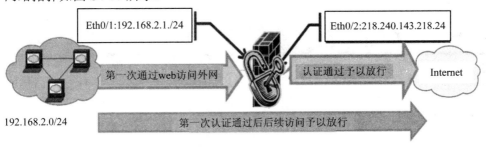

图 S4-17　网络拓扑

二、操作流程

第一步：开启 Web 认证功能。

防火墙 Web 认证功能默认是处于关闭状态，当需要进行 Web 认证时，手工在防火墙网络选项卡中的 Web 认证选项点击 Web 安全认证配置，开启相关功能。防火墙 Web 认证有 HTTP 和 HTTPS 两种认证模式。HTTP 模式更为快捷，而 HTTPS 模式更为安全，在本案例中选用 HTTP 模式。其中 HTTP 服务端口，选择缺省值 8181；HTTPS 服务端口，选择缺省值 44433。本案例中要求用户仅能浏览 Web 页面和仅能使用 FTP 功能，因此我们选择普通的 HTTP 模式即可。超时选项可以根据安全需求设定等待时间，这里选择默认值 60，认证成功后，系统会在 60 秒时间结束前对认证成功页面进行自动刷新，确认登录信息。

其他不带"*"符号的选项为可设置项，根据企业安全需求进行设定。其中重定向 URL 是指用户在认证成功并返回认证页面后，弹出的新页面将会重定向到指定的 URL 页面。如果没有配置该功能，新弹出的页面将返回用户输入的地址页面。开启 Web 安全认证功能如图 S4-18 所示。

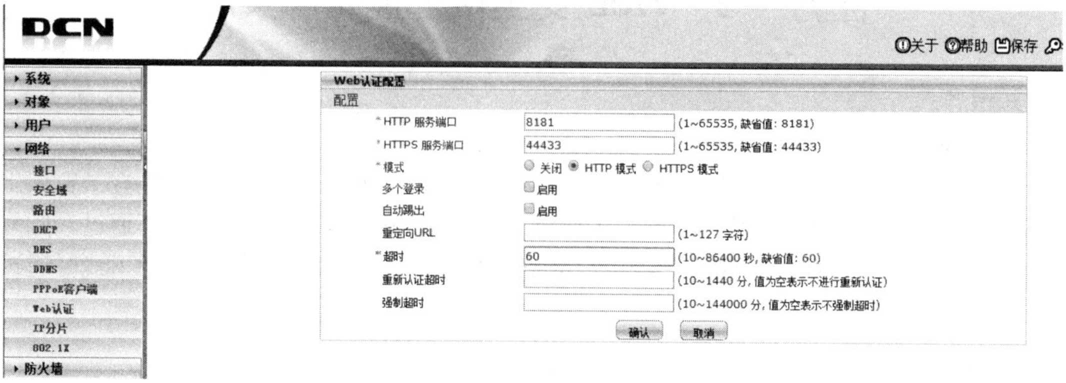

图 S4-18　开启 Web 安全认证功能

第二步：创建 AAA 认证服务器。

在开启防火墙认证功能后，需要在用户选项卡中选择 AAA 服务器选项，设置一个该服务的 AAA 认证服务器，该服务器的名称可命名为 local_aaa_server。防火墙能够支持本地认证、Radius 认证、LDAP 和 Active-Directory 认证。在本案例中我们选择使用防火墙的本地认证类型，如图 S4-19 所示。

图 S4-19　创建本地 AAA 服务器

第三步：创建用户及用户组，并将用户划归不同用户组。

既然要做认证，就需要在防火墙的用户选项卡中选择用户组选项来设置用户组，在本案例中，由于两类用户的访问权限不同，要求用户仅能浏览 Web 页面和仅能使用 FTP 功能，因此需要为两类用户分别创建一个用户组：用户组 usergroup1 和用户组 usergroup2。在 AAA 服务器中选择之前创建好的 local_aaa_server 认证服务器，分级创建用户组和用户，在 AAA 服务器中选中新建的服务器，选择用户组，如图 S4-20 所示。

图 S4-20　创建用户组

在用户选项卡中选择用户选项，创建用户。首先在 AAA 服务器中选择之前创建好的 local_aaa_server 认证服务器，在该服务器下创建 user1 和 user2 两个用户，如图 S4-21 所示。

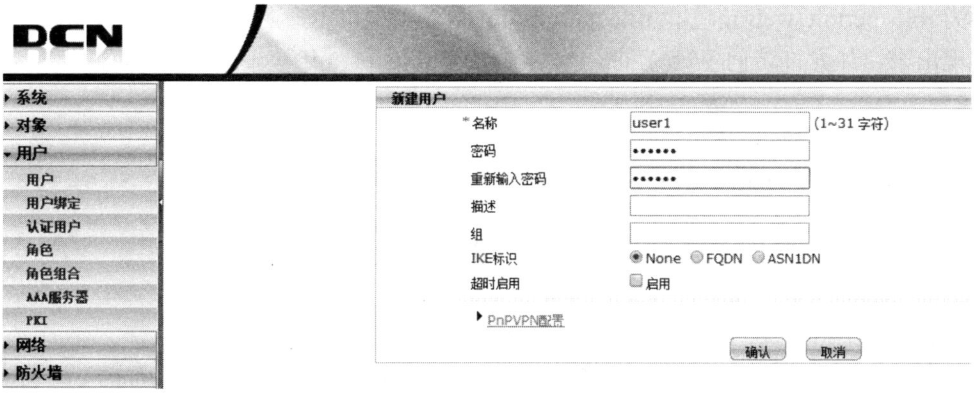

图 S4-21　创建用户和密码

创建完 user1 和 user2 以及 usergroup1 和 usergroup2 后，点击编辑用户按钮，选择 user1 用户，在组一栏中点击右边多个选项，将 user1 用户归属到 usergroup1 组中。同样操作将 user2 用户归属到 usergroup2 组中，如图 S4-22 所示。

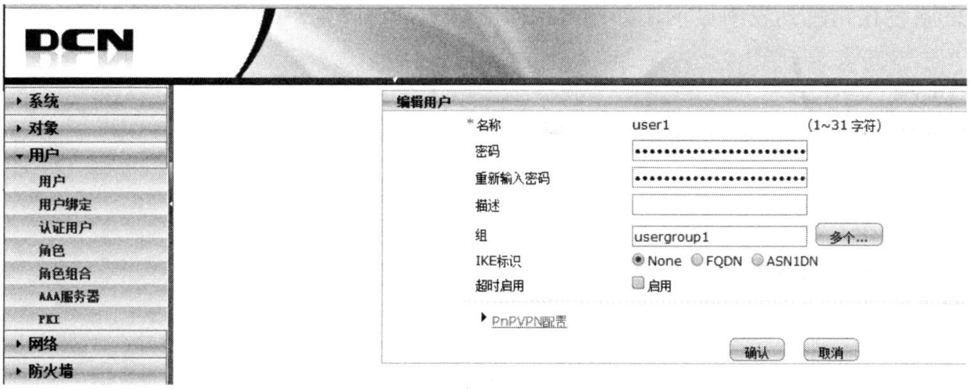

图 S4-22　绑定用户与用户组

最后在形成的 local_aaa_server 服务器下，有两个用户组 usergroup1 和 usergroup2，每个用户组下各有一个用户，分别为 user1 用户和 user2 用户，如图 S4-23 所示。

图 S4-23 生成的用户组和用户列表

第四步：创建角色。

创建好用户和用户组后，在用户选项卡中选择角色选项，新建角色，设置两个新角色，分别为 role_permit_web 角色和 role_permit_ftp 角色。为角色命名的时候，一般将角色的功能体现出来，如允许访问 Web 界面，可以命名为 role_permit_web，如图 S4-24 所示。

图 S4-24 创建角色

在角色创建过程中也可以增加对角色的描述。当然角色命名清晰的话，也可以不描述，建好的角色在角色列表中显示，如图 S4-25 所示。

图 S4-25 生成角色列表

第五步：创建角色映射规则，将用户组与角色相对应。

角色创建好后，需要将角色、用户、用户名相对应，这就需要创建角色映射规则。在用户选项卡中选择角色选项，在角色列表中选择新角色映射按钮，创建一个新角色映射 role_map1，将 usergroup1 用户组和角色 role_permit_web 做对应；创建一个新角色映射 role_map2，将用户组 usergroup2 和角色 role_permit_ftp 做对应，如图 S4-26 所示。

图 S4-26　创建角色映射 role_map1

点击上图中创建好的 role_map1 可以看到在其下面有两组对应关系，如图 S4-27 所示。

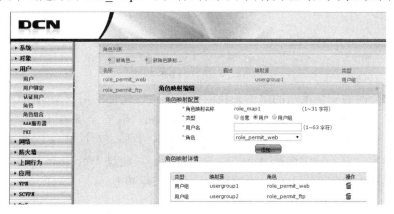

图 S4-27　用户组与角色对应

第六步：将角色映射规则与 AAA 服务器绑定。

在用户选项卡中选择 AAA 服务器，将角色映射 role_map1 绑定到创建的 AAA 服务器 loca_aaa_Server 上，如图 S4-28 所示。

图 S4-28　绑定角色映射到 AAA 服务器

第七步：创建安全策略针对不同角色的用户放行不同服务。

在安全选项卡中选择策略，设置内网到外网的安全策略。首先在该安全策略的第一条设置一个放行 DNS 服务的策略，放行该策略的目的是当我们在 IE 栏中输入某个网站名后，客户端 PC 能够正常对该网站做出解析，然后可以重定向到认证页面上。由于是内网到外网的访问，因此源安全域为 trust，目的安全域为 untrust；由于对地址没有做限定要求，因此源地址和目的地址均为 Any；服务簿中选择 DNS 服务；行为中选择允许，如图 S4-29 所示。

图 S4-29　制定 DNS 策略

在内网到外网的安全策略的第二条我们针对未通过认证的用户 UNKNOWN 设置 Web 认证的策略，认证服务器选择创建的 local-aaa-server。源安全域为 trust，目的安全域为 untrust；源地址和目的地址不确定，因此也选择 Any 类型。对这部分 UNKNOWN 用户，上网行为不确定，服务簿中选择 Any；行为中选择必须通过 Web 认证，而 Web 认证服务器选择我们案例中自定义的 local_aaa_server，如图 S4-30 所示。

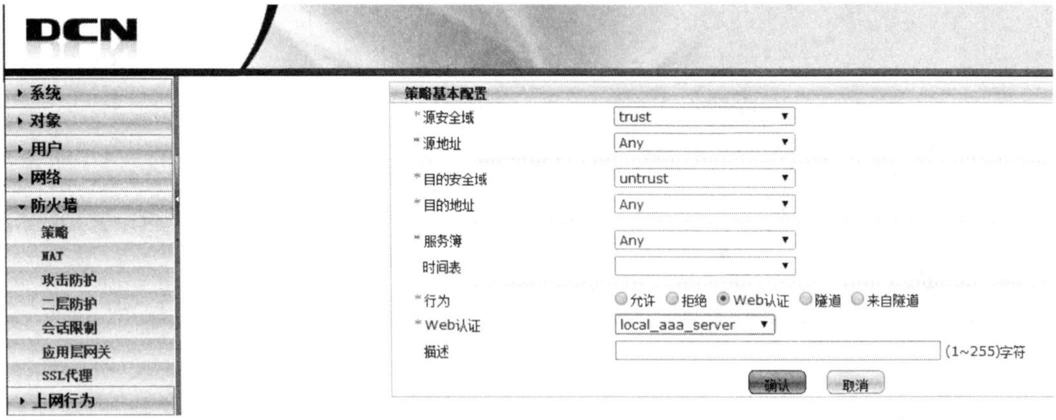

图 S4-30　制定 UNKNOWN 用户策略

重新编辑该条策略，将 UNKNOWN 用户添加到刚才的策略中，在角色/用户/用户组选项中选择 UNKNOWN，这里的 UNKNOWN 代表了所有未通过认证的用户。选择"Web 认证"行为会将未通过认证的用户重定向到 Web 认证页面上，如图 S4-31 所示。

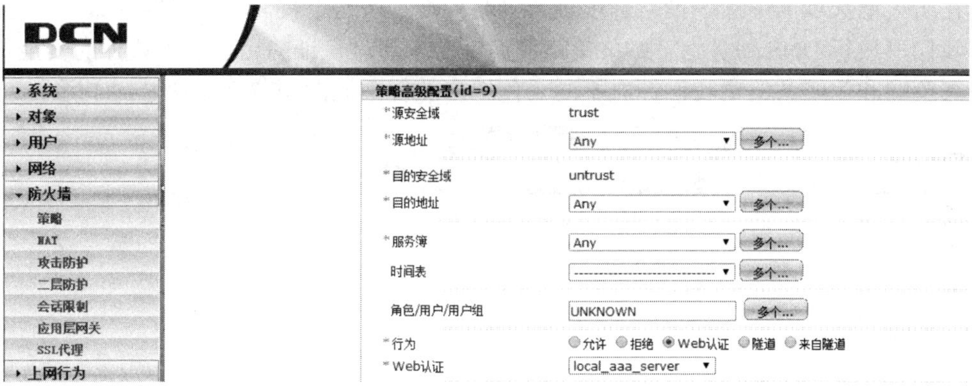

图 S4-31　编辑 UNKNOWN 用户的策略

制定内网到外网的第三条安全策略。针对认证过的用户放行相应的服务，针对角色 role_permit_web 我们只放行 HTTP 服务。同理内网到外网的访问，源安全域为 trust，目的安全域为 untrust，源地址和目的地址均为 Any，服务簿中选择 HTTP 服务，角色/用户/用户组中将对应的角色选中 role_permit_web，行为为允许，如图 S4-32 所示。

图 S4-32　放行 HTTP 服务

制定内网到外网的第四条安全策略。针对通过认证后的用户，属于 role_permit_ftp 角色的只放行 IP 服务。操作与第三条策略类似。不同的是服务簿中选择 FTP 服务，在角色/用户/用户组中将对应的角色选中 role_permit_ftp，如图 S4-33 所示。

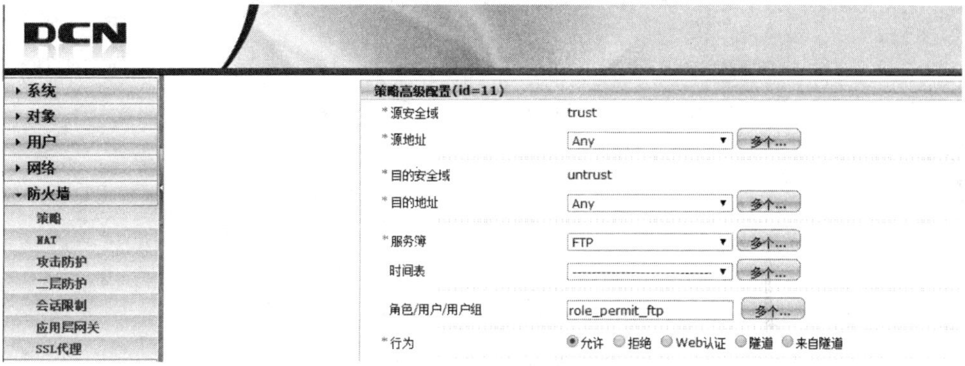

图 S4-33　放行 FTP 策略

在防火墙选项卡中选择策略选项查看策略列表。在这里我们设置了四条策略，第一条策略我们只放行 DNS 服务，第二条策略我们针对未通过认证的用户设置认证的安全策略，第三条策略和第四条策略我们针对不同角色用户放行不同的服务，如图 S4-34 所示。

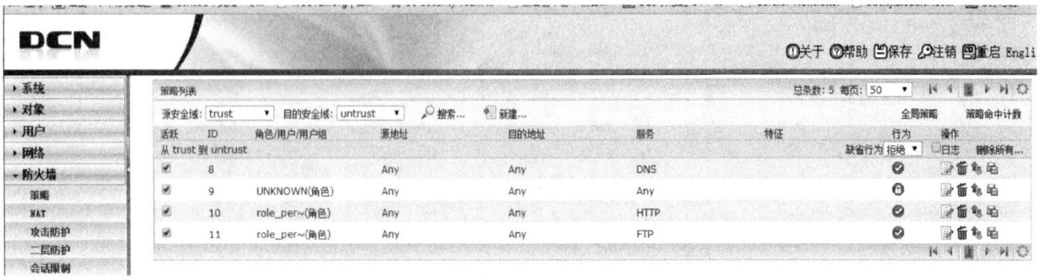

图 S4-34　Web 认证策略列表

第八步：用户验证。

内网用户打开 IE 输入某网站地址后可以看到页面马上被重定向到认证页面，输入 user1 用户名和密码，如图 S4-35 所示。该用户名和密码认证通过后，访问某 Web 页面获得成功，如图 S4-36 所示。而通过 FTP 地址访问同一页面时却未能打开，如图 S4-37 所示。

图 S4-35　Web 认证验证测试用户 user1

图 S4-36　进入到 Web 认证界面

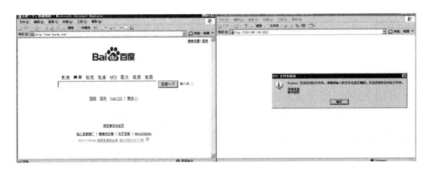

图 S4-37　Web 认证功能测试

📖 **相关知识**

(1) Web 安全认证中的用户组必须建立在当前的 AAA 服务器下，并在此基础上创建用户，否则会出现用户密码登录错误。

(2) 对于不同的用户组可以赋予不同的权限，制定不同的安全策略。

思考

为什么在内网访问外网的过程中要设置 Web 安全认证？

任务 4-4　网络通信软件访问控制与实现

📖 **知识导入**

什么是禁用 IM(Instant Messaging)

IM 是 Instant Messaging(即时通讯、实时传讯)的缩写，是一种可以让使用者在网络上建立某种私人聊天室(chatroom)的实时通讯服务。目前在互联网上受欢迎的即时通讯软件包括腾讯 QQ、百度 HI、飞信、易信、阿里旺旺、yy、Skype、Google Talk、icq、FastMsg等。禁用 IM 操作就是通过防火墙禁用网络通信软件的使用，禁止内网用户使用 QQ、MSN 等聊天软件，从而提高员工的工作效率。

🖥 **案例及分析**

某企业内网 192.168.2.0/24，要求在防火墙上禁止网络通信软件的使用，限制使用 QQ、MSN。要求内网用户不能登录腾讯 QQ 和微软 MSN。

一、网络拓扑

网络拓扑如图 S4-38 所示。

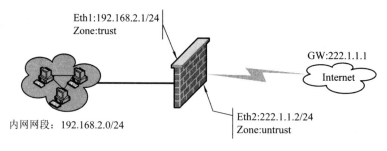

图 S4-38　网络拓扑

二、配置步骤

第一步：启用外网口安全域的应用程序识别。

登录到防火墙配置界面，选择网络选项卡中的安全域，进入外网口安全域 untrust 的配置界面，勾选应用程序识别，设置该项的目的是可以识别动态端口的应用层协议，如图 S4-39 所示。

图 S4-39　启用安全域应用识别

第二步：创建禁用 QQ 和 MSN 的策略。

在防火墙选项卡中选择策略选项，创建从内网到外网的拒绝 QQ 和 MSN 的策略。制订策略时分别在服务中选择 QQ 服务和 MSN 服务，行为中选择拒绝。如果该方向有从内网到外网的放行策略，一定要将拒绝 QQ 和拒绝 MSN 的策略放到该策略的上面，如图 S4-40 所示。

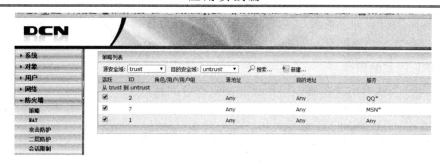

图 S4-40　制订拒绝 QQ/MSN 策略

第三步：验证测试。

我们可以登录 QQ、MSN，测试以上网络通信软件不能再登录使用，如图 S4-41 所示。

图 S4-41　验证禁用 IM 策略

📋 **相关知识**

禁用及时通信软件的常见现象：

第 1 种现象：用户不能使用 QQ 等工具聊天；不能访问某些网络；不能玩某些网络游戏(如联众)。第 2 种现象：上网冲浪的过程中，出于单位网络安全的考虑，管理员会限制某些网络协议，这就导致用户不能使用 FTP 等资源；管理员限制了一些网络游戏的服务器端 IP 地址，而这些游戏又不支持普通 HTTP 代理导致游戏无法运行。

现在也有一些软件专门用于禁用通信软件的网络通信恢复的，有兴趣的人员可以上网搜索相关技术，这里不再描述。

思考

防火墙禁用 QQ 等通信软件后，如何恢复该功能？

任务 4-5　网页地址过滤控制与实现

📖 **知识导入**

1. 什么是 URL

URL(Uniform Resource Locator)称为统一资源定位符，是对可以从互联网上得到的资源的位置和访问方法的一种简洁的表示，是互联网上标准资源的地址。互联网上的每个文件都有一个唯一的 URL，它包含的信息可以指出文件的位置以及浏览器应该怎么处理它。

2. 什么是 URL 过滤

URL 过滤通过将用户的 Web 请求发送到 URL 过滤服务器来工作，过滤服务器对照容许站点数据库来检查每个请求。容许的请求容许用户直接访问该站点，禁止的请求要么向用户发送一个禁止访问信息，要么将用户重定向到另一个站点。

3. URL 过滤的用途

URL 过滤的典型用途是确保用户只能访问合适的站点。

🖳 案例及分析

某企业内网 192.168.2.0/24，要求通过防火墙的设置禁止内网用户访问某些网站。这里限制内网用户访问百度 www.baidu.com 首页。

一、网络拓扑

网络拓扑如图 S4-42 所示。

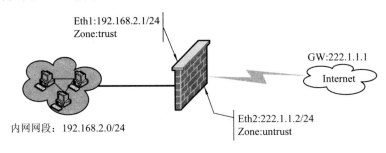

图 S4-42　网络拓扑

二、操作流程

第一步：创建 HTTP profile，启用 URL 过滤功能。

登录防火墙配置界面，在应用选项卡中选择 HTTP 控制选项，进行 HTTP Profile 配置。在 Profile 名称中输入新建的 HTTP profile，名称为 http_profile，将 URL 过滤设置成启用状态点击确定即可，如图 S4-43 所示。

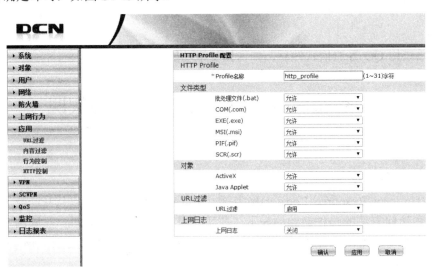

图 S4-43　创建 HTTP Profile 文件 http_profile

第二步：创建 profile 组，添加 http_profile。

在对象选项卡中选择 Profile 组，新建一个名为"profile_group"的 profile 组，并将之前创建好的 http_profile 加入到该 profile 组中点击确定，如图 S4-44 所示。

图 S4-44　创建 profile 组

第三步：设置 URL 过滤规则。

在安全选项卡中选择 URL 过滤选项，设置 URL 过滤规则。案例中要求只是限制访问百度首页，我们在黑名单 URL 中输入百度网站的地址 www.baidu.com，点击添加，将其添加到黑名单列表中，如图 S4-45 所示。

图 S4-45　设置 URL 过滤

第四步：在安全策略中引用 profile 组。

在安全选项卡中选择策略，制定内网到外网的安全策略，其中在 profile 组中引用 URL 过滤的 profile 组 profile_group，点击确认即可，如图 S4-46 所示。

Web Management
192.168.1.1/zh_cn/webui.html
DCN
关于
帮助
系统
对象
用户
网络
防火墙
策略
NAT
攻击防护
二层防护
会话限制
应用层网关
SSL代理
上网行为
应用
VPN
SCVPN
QoS
监控
策略高级配置(id=5)
源安全域
trust
源地址
Any
多个...
目的安全域
untrust
目的地址
服务簿
时间表
角色/用户/用户组
行为
允许
拒绝
Web认证
隧道
来自隧道
描述
(1~255)字符
QoS标记
(1~1024)
Profile组
profile_group
日志
策略拒绝
会话开始
会话结束
确认
取消

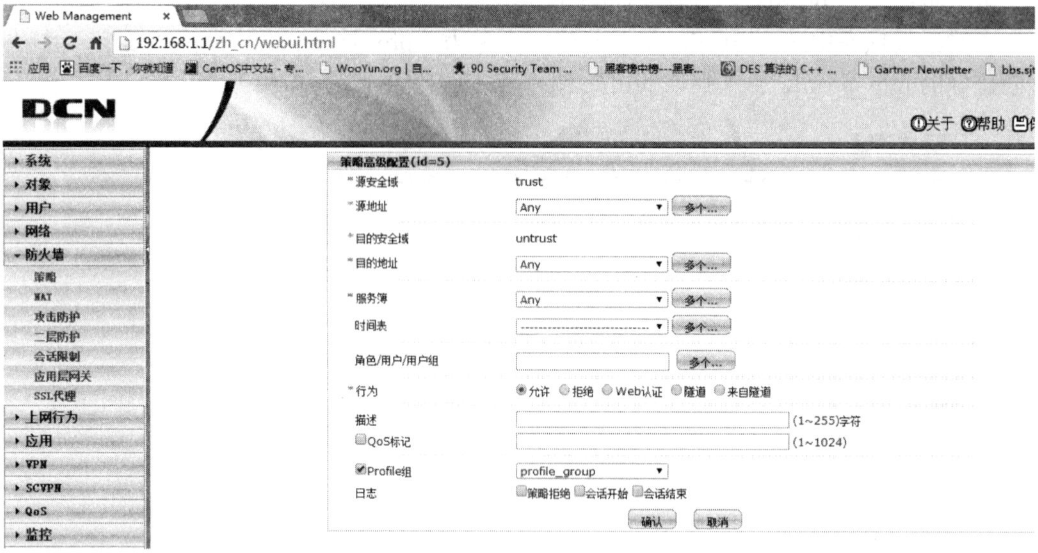

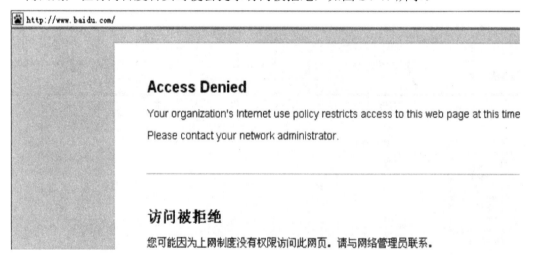

图 S4-46　制定 URL 安全策略

第五步：测试验证。

内网用户在访问百度首页时便会提示访问被拒绝，如图 S4-47 所示。

http://www.baidu.com/
Access Denied
Your organization's Internet use policy restricts access to this web page at this time
Please contact your network administrator.
访问被拒绝
您可能因为上网制度没有权限访问此网页。请与网络管理员联系。

图 S4-47　URL 过滤验证

相关知识

URL 过滤能够增强网络安全，并强化用户资源的使用策略，对于多数工作场合是一项必需的措施。这种方法已成为企业网络上的一种基本方法，其目标是阻止雇员访问可能损害工作效率或公司利益的内容。被阻止的网站可能是那些威胁到企业安全或包含恶意内容的网站，也可能是耗用大量带宽的网站，URL 过滤的实施并不难，企业遵循最佳方法就可以使其实施过程容易和高效。URL 过滤的实施过程主要有几个法则：将 URL 过滤作为统一安全方案中的一种特性，简单配置和管理，广泛的 URL 种类过滤，手工过滤，检查规则，用户响应，综合性策略，合并多种技术的能力，强大的安全措施和避免过度阻止。

思考

在用户访问外网过程中，要求同时过滤 www.hao123.com 和 www.sina.com.cn 网页，如何实现 URL 过滤？

任务 4-6　网页内容过滤控制与实现

📖 知识导入

1. 什么是关键词过滤

关键词过滤，也称关键字过滤，指网络应用中，对传输信息进行预先的程序过滤、嗅探指定的关键字词，并进行智能识别，检查网络中是否有违反指定策略的行为。

2. 网页内容过滤的意义

网络内容过滤技术采取适当的技术措施，对互联网不良信息进行过滤，既可阻止不良信息对人们的侵害，适应社会对意识形态方面的要求；同时，通过规范用户的上网行为，提高工作效率，合理利用网络资源，减少病毒对网络的侵害，这就是内容过滤技术的根本内涵。

💻 案例及分析

某企业内网 192.168.2.0/24，要求通过防火墙的设置实现内网用户访问外网时，对网页内容进行过滤，限制一些敏感词汇。针对要访问的网页，如果包含一次或一次以上的"黄秋生"字样，则将该网页过滤掉，不允许用户访问。

一、网络拓扑

网络拓扑如图 S4-48 所示。

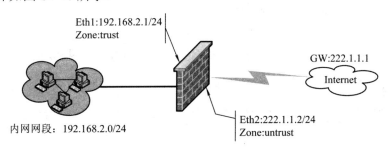

图 S4-48　网络拓扑

二、操作流程

第一步：在内容过滤中创建类别。

登录防火墙配置界面，点击应用选项卡中的内容过滤选项，选择类别子菜单，创建一个名为 test 的内容过滤类别，点击添加即可，如图 S4-49 所示。

图 S4-49　创建 test 内容过滤类别

第二步：指定要过滤的**关键字**并设置属性。

在应用选项卡中，选择内容过滤选项中的子菜单关键字，设置要过滤的关键字为"黄秋生"，匹配类型选择精确匹配，在类别中选择第一步新建的内容过滤类别 test，并设置相应的信任值，我们使用默认的 100，点击添加即可，如图 S4-50 所示。

图 S4-50　设置内容过滤关键字

第三步：创建类别组，添加类别成员并设置警戒值。

在应用选项卡中选择内容过滤选项，选择其子菜单项类别组进行配置。为前面的内容过滤类别 test，创建一个与之对应的类别组名为 test 类别组，如图 S4-51 所示。

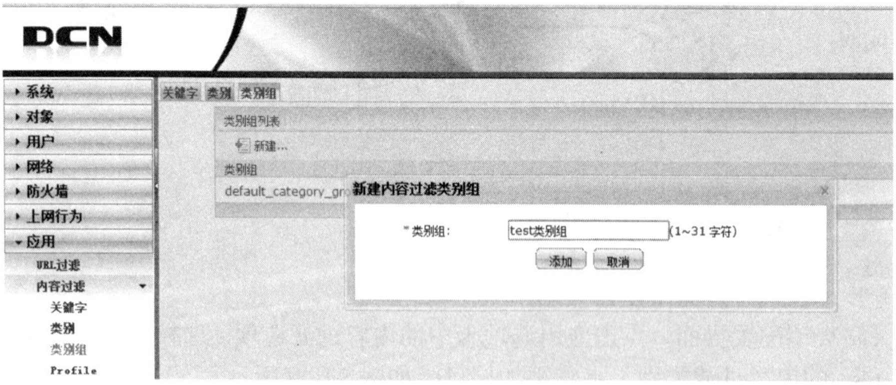

图 S4-51　创建内容过滤类别组

将之前创建好的 test 类别添加到该组中，并设置相应的警戒值，实验中我们要求只要包含一次"黄秋生"的关键字就进行过滤，此处我们可以使用默认的"100"，如图 S4-52 所示。

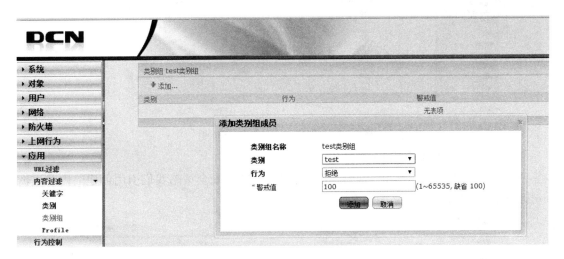

图 S4-52　添加类别组成员

第四步：创建内容过滤 Profile，并添加类别组。

在应用选项卡选择内容过滤选项的子菜单 Profile 进行配置。创建一个名为内容过滤 profile 的内容 Profile，在服务中选择 HTTP，类别组中选择 test 类别组，点击添加，如图 S4-53 所示。

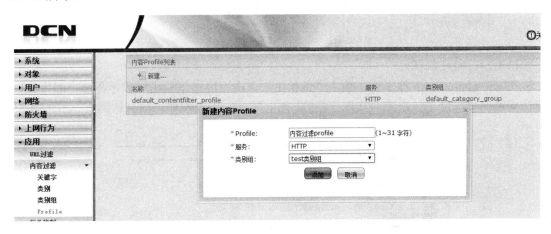

图 S4-53　创建内容过滤 profile

第五步：创建一个 profile 组，将内容过滤 profile 加入到该 profile 组。

在对象选项卡中选择 Profile 组，创建一个 profile 组名为"内容过滤 profile 组"，并将上面创建的内容过滤 profile 加入到该组中，点击确认即可，如图 S4-54 所示。

图 S4-54　创建内容过滤 profile 组

第六步：在策略中引用 profile 组。

在防火墙选项卡选择策略选项，针对内网到外网的安全策略我们引用创建的内容过滤
profile 组，点击确认即可，如图 S4-55 所示。

图 S4-55　制定内容过滤策略

第七步：验证测试。

在 www.baidu.com 搜索栏中输入"黄秋生"点击百度一下后出现提示界面，因为我们
要访问的网页包含了一次或一次以上的"黄秋生"字样，所以不能访问到该网页，如图 S4-56
所示。

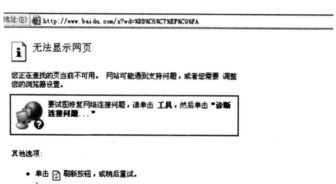

图 S4-56　内容过滤策略验证

📖 **相关知识**

目前关键字过滤技术由于简单易行，仍然在邮件系统和反垃圾邮件网关中广泛应用。如果一封垃圾邮件中含有特定的关键字，比如"台独"则可以将之阻断；与之对应的还有关键字白名单，即如果邮件中含有特定的白关键字则予以放行。

关键字技术也存在不足，例如当垃圾邮件中的词语发生变化，或垃圾邮件中对特定词汇进行变化，例如"Viagra"改成"Vlagra"，"发票"改为"发漂"时，这种技术就失去效用，除非能持续地更新关键字。但事实上个人用户甚至厂商都无法做到这一点，因为垃圾邮件的变化实在太大了，2003—2005 年许多国产的反垃圾邮件系统主要采用这种技术进行过滤，如鸿雁邮件安全网关、思维邮件安全网关等，但是由于过滤效果始终不高，这些品牌逐渐消失。虽然如此，许多用户仍然在其邮件系统或反垃圾系统中使用这种技术，作为其他过滤技术的补充。在使用这种技术时有这样几个技巧：

(1) 通过正规表达式对相近的一组关键字进行归纳，减少关键字的数量。例如"发.*票"，可使中"发"和"票"之间插入了任何干扰符号的词汇，如"发-票"等。

(2) 巧设白关键字，减轻扫描负荷，避免正常邮件的误判。对于含白关键字的邮件，反垃圾邮件系统是不对其进行内容扫描的，这样能减少系统负荷。对于企业用户而言，发送邮件一般都会有签名，签名中一般包括了公司的名称，例如"梭子鱼"，当别人回复邮件时，邮件中通常会带有这个关键字，这样这封邮件就能因为白名单被放行。有时公司的总机号码等都是很好的白关键字。因为对于这家公司而言，垃圾邮件中几乎不可能出现这样的词汇，这类词汇几乎只可能出现在正常邮件中，因此不会导致误判发行。

(3) 根据统计数据调整关键字。有时经过一段时间的运行后，用户发现在不知不觉中自己添加的关键字数量越来越大，那么就应该根据统计数据精简这些关键字，将命中率不高的关键字予以剔除。

思考

如果要求页面上出现 3 次"黄秋生"关键字后则将网页内容过滤，如何设置？

项目实训四　防火墙过滤功能配置

实训目的

(1) 能够对防火墙进行常见模式配置；

(2) 会根据用户需求分析防火墙过滤功能；

(3) 能熟练配置防火墙过滤功能。

实训环境

某企业公司现有内网用户在 192.168.2.0/24 网段，通过防火墙与外网 218.240.143.218/24 网段和 Internet 连接，网络拓扑如图 S4-57 所示。

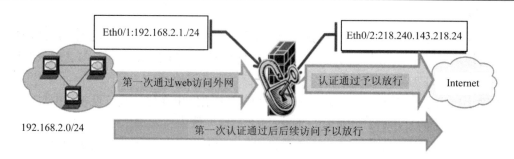

图 S4-57　网络拓扑

实训要求：

(1) 内网用户通过防火墙可以进行访问外网，但需要进行 Web 认证；

(2) 内网用户访问外网时默认访问页面为 www.hao123.com；

(3) 内网用户上网禁止使用 BT 下载软件；

(4) 内网用户访问外网时带宽下载 5 M。

项目 5　基于防火墙的虚拟专用网(VPN)的访问控制与实现

项目背景

在网络安全系统中可以通过防火墙实现 VPN 通信方式，而不用拘泥于传统的固网，采用 VPN 隧道方式来实现。可以建立起两台防火墙之间的 IPSec VPN 通信模式，也可以采用 SCVPN 模式，另外 PC 计算机也可以与防火墙建立 L2TPVPN 模式实现相互通信。

学习目标

◆ 能够实现多台防火墙之间的相互通信。
◆ 掌握防火墙的静态路由虚拟专用网访问技术。
◆ 掌握防火墙的静态策略虚拟专用网访问技术。
◆ 掌握防火墙的远程安全虚拟专用网访问技术。

关键技术

防火墙 VPN 通信技术、防火墙 IPSec VPN 通信技术、防火墙 SSL VPN 通信技术

任务 5-1　静态路由虚拟专用网(IPSec VPN)的访问控制与实现

知识导入

1. 什么是 VPN 模式

VPN 即虚拟专用网络。虚拟专用网络的功能是：在公用网络上建立专用网络，进行加密通讯。在企业网络中有广泛应用。VPN 网关通过对数据包的加密和数据包目标地址的转换实现远程访问。VPN 有多种分类方式，主要是按协议进行分类。VPN 可通过服务器、硬件、软件等多种方式实现。VPN 具有成本低，易于使用的特点。

2. 什么是 IPSec VPN

IPSec VPN 指采用 IPSec 协议来实现远程接入的一种 VPN 技术。IPSec 全称为 Internet Protocol Security，是由 Internet Engineering Task Force (IETF) 定义的安全标准框架，用以提供公用和专用网络的端对端加密和验证服务。

3. 什么是静态路由

静态路由指路由采用静态指定路由方式。

案例及分析

某企业内部有两台防火墙，一台为主防火墙 FW-A，一台为辅防火墙 FW-B。两台防

火墙都具有合法的静态 IP 地址,其中防火墙 FW-A 的内部保护子网为 192.168.1.0/24,防火墙 FW-B 的内部保护子网为 192.168.100.0/24。要求:

(1) 在 FW-A 与 FW-B 之间创建 IPSec VPN 模式,使用 VPN 实现相互通信;

(2) FW-A 与 FW-B 两端所保护子网能通过 VPN 隧道互相访问。

一、网络拓扑

网络拓扑如图 S5-1 所示。

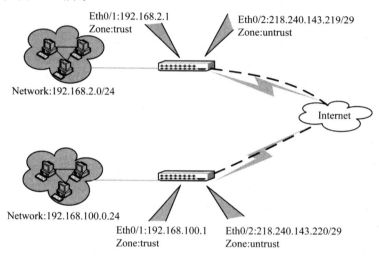

图 S5-1　网络拓扑

二、操作流程

1. FW-A 防火墙配置

第一步:创建 IKE 第一阶段提议。

登录防火墙配置界面,在 VPN 选项卡中选择 IPSec VPN 选项进行配置。在配置界面中选择 P1 提议选项卡,点击新建弹出阶段 1 提议配置界面,在提议名称中输入 p1,认证采用 Pre-shared Key,验证算法选择 SHA-1,加密算法选择 3DES,DH 组选择 Group2,生存时间输入缺省值 86400。定义 IKE 第一阶段的协商内容,这里注意两台防火墙的 IKE 第一阶段的协商内容完全一致,如图 S5-2 所示。

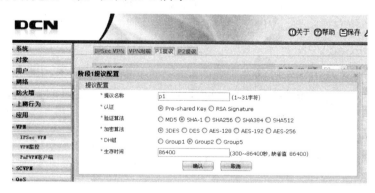

图 S5-2　FW-A 防火墙端建立阶段 1 提议 P1

第二步：创建 IKE 第二阶段提议。

在 VPN 选项卡中选择 IPSec VPN 选项进行配置。在配置界面中选择 P2 提议选项卡，点击新建弹出阶段 2 提议配置界面，在提议名称中输入 p2，协议选择 ESP，验证算法 1 选择 SHA-1，验证算法 2 选择无，验证算法 3 选择无，加密算法 1 选择 3DES，加密算法 2 选择无，加密算法 3 选择无，加密算法 4 选择无，压缩选择无，PFS 组选择 No PFS，生存时间输入缺省值 28 800。同样，定义 IKE 第二阶段的协商内容，两台防火墙的 IKE 第二阶段的协商内容完全一致，如图 S5-3 所示。

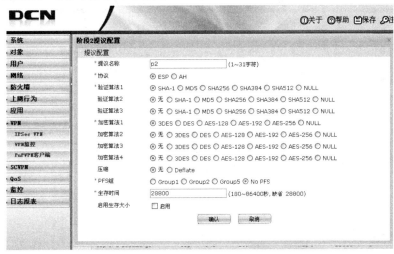

图 S5-3　FW-A 防火墙端建立阶段 2 提议 p2

第三步：创建对等体(peer)。

在 VPN 选项卡中选择 IPSec VPN 选项，在弹出的窗口界面中选择 VPN 对端选项卡，点击"新建"按钮，新建对端。在对端名称中输入新建对端名 peer；接口选择 FW-A 的外网口 ethernet0/2；模式选择主模式；网络架构中 IP 地址为静态分配地址，在类型中选择静态 IP；对端 IP 地址输入 FW-B 的外网口地址 218.240.143.220；提议 1 处选择 p1 端；在预约共享密钥中输入双方约定的密钥即可，如图 S5-4 所示。

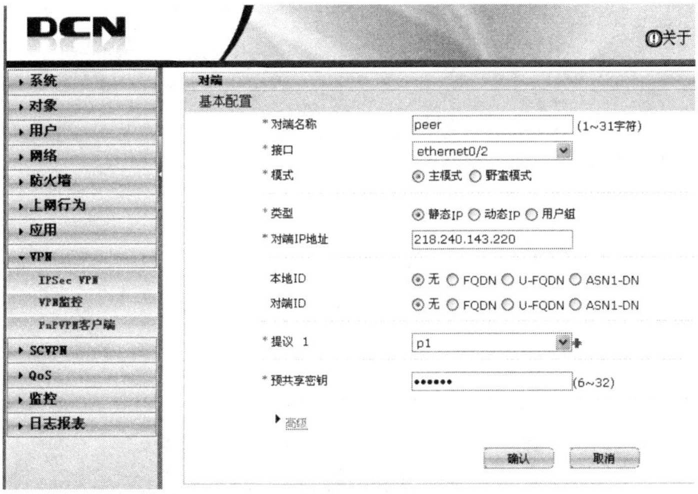

图 S5-4　FW-A 防火墙端创建对端

第四步：创建隧道。

在 VPN 选项卡中选择 IPSec VPN 选项，在弹出的窗口界面中选择 IPSec VPN 选项卡，点击新建按钮，创建防火墙 FW-A 到防火墙 FW-B 的 VPN 隧道，并定义相关参数。

(1) 创建对端。点击界面中的导入按钮，进入到步骤 1：对端配置界面。导入新创建的 peer 对端，接口中选择外网 ethernet0/2，模式选择主模式，类型为静态 IP，对端 IP 地址：218.240.143.220，提议 1 中选择 p1，预共享密钥自动生成，如图 S5-5 所示。

图 S5-5 FW-A 防火墙端导入对端

(2) 创建隧道。点击步骤 2：隧道，进入到隧道配置界面。创建防火墙 FW-A 到防火墙 FW-B 的隧道。新建隧道名称为 ipsec_tun，模式选择隧道 tunnel 模式，提议名称为 p2，代理 ID 选择手工方式，本地 IP/掩码为 FW-A 防火墙内网地址 192.168.2.0/24，远程 IP/掩码为 FW-B 防火墙内网地址 192.168.100.0/24。服务允许任何访问行为，因此选择 Any，点击确认，如图 S5-6 所示。

图 S5-6 FW-A 防火墙端创建 VPN 隧道 ipsec_tun

第五步：创建隧道接口并与 IPSEC 绑定。

在网络选项卡中选择接口选项，新建隧道接口指定安全域并绑定 IPSec 隧道。接口名称为 tunnel1，安全域类型选择三层安全域，安全域选择 untrust，IP 类型选择静态 IP，IP/网络掩码选择 1.1.1.1/24。管理中可以根据需要选择管理权限，如 Ping 命令权限，隧道类型选择 IPSec，VPN 名称选择创建的 ipesc_tun，如图 S5-7 所示。

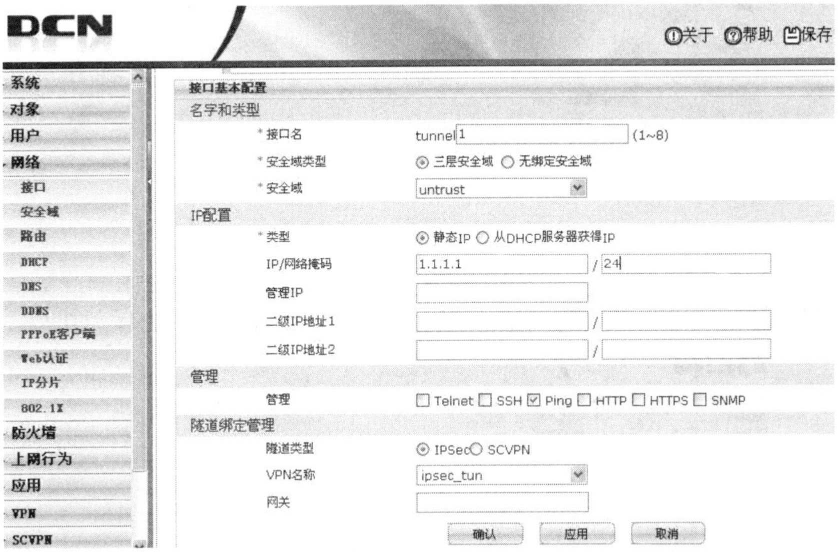

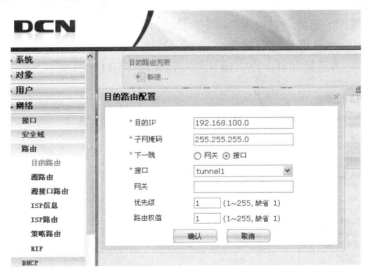

图 S5-7 FW-A 防火墙端创建隧道接口

第六步：添加隧道路由。

在网络选项卡中选择路由选项，选择其中的目的路由子菜单创建目的路由。新建一条路由，目的 IP 地址是对端加密保护子网 192.168.100.0，子网掩码是 255.255.255.0，下一跳选择接口，接口为隧道接口 tunnel1，优先级和路由权值均为 1，如图 S5-8 所示。

图 S5-8 FW-A 防火墙端设置目的路由

第七步：添加安全策略。

在创建安全策略前首先要创建本地网段和对端网段的地址簿。

(1) 创建本地网段 local 地址簿，192.168.2.0/24，如图 S5-9 所示。

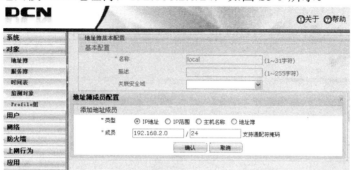

图 S5-9　FW-A 防火墙端创建本地地址簿 local

(2) 创建对端防火墙保护内网 remote 的地址簿，192.168.100.0/24，如图 S5-10 所示。

图 S5-10　FW-A 防火墙端创建远端地址簿 remote

(3) 创建完成两个地址簿后，在防火墙选项卡中选择策略选项，点击新建策略，创建允许本地 VPN 保护子网访问对端 VPN 保护子网的策略。对防火墙 FW-A 来说，本地内网源安全域为 trust，源地址即本地内网地址簿 local，目的安全域为 untrust，目的地址为 remote，服务簿为 Any，行为选择允许，点击确认即可，如图 S5-11 所示。

图 S5-11　FW-A 防火墙端制定本地内网到对端内网的安全访问策略

　　(4) 创建允许对端 VPN 保护子网访问本地 VPN 保护子网的策略。由于是对端防火墙 VPN 保护内网到本地 VPN 保护内网的访问，因此源安全域为 untrust，源地址为 remote，目的安全域为 trust，目的地址为 local，服务簿为 Any，行为采取允许放行，点击确认即可，如图 S5-12 所示。

图 S5-12　FW-A 防火墙端制定对端内网到本地内网的安全访问策略

2. FW-B 防火墙配置

第一步：创建 IKE 第一阶段提议。

在 VPN 选项卡中选择 IPSec VPN 选项，在配置界面中选择 P1 提议选项卡，点击新建弹出阶段 1 提议配置界面，在提议名称中输入 p1，认证采用 Pre-shared Key，验证算法选择 SHA-1，加密算法选择 3DES，DH 组选择 Group2，生存时间输入缺省值 86400。定义 IKE 第一阶段的协商内容，两台防火墙的 IKE 第一阶段的协商内容完全一致。操作同第一阶段创建 p1 提议，这里不重复介绍，如图 S5-13 所示。

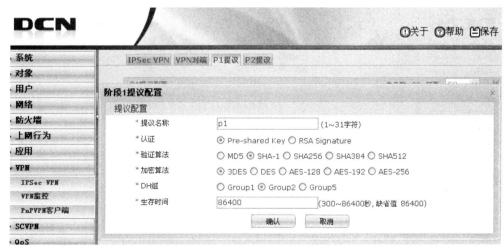

图 S5-13　FW-B 防火墙端创建 p1 提议

第二步：创建 IKE 第二阶段提议。

在 VPN 选项卡中选择 IPSec VPN 选项,在弹出操作界面中选择 P2 提议选项卡,定义 IKE 第二阶段的协商内容,两台防火墙的第二阶段协商内容需要一致,操作同第一阶段创建 p2 提议,这里不重复介绍,如图 S5-14 所示。

图 S5-14 FW-B 防火墙端创建阶段 2 提议

第三步:创建对等体(peer)。

在 VPN 选项卡中选择 IPSec VPN 选项,在弹出的操作界面中选择 VPN 选项卡,新建对端,并定义相关参数。在对端名称中输入新建对端名 peer;接口选择 FW-B 的外网口 ethernet0/2;模式选择主模式;网络架构中 IP 地址为静态分配地址,在类型中选择静态 IP;对端 IP 地址输入 FW-A 的外网口地址 218.240.143.219;提议 1 处选择 p1 端;在预约共享密钥中输入双方约定的密钥即可,如图 S5-15 所示。

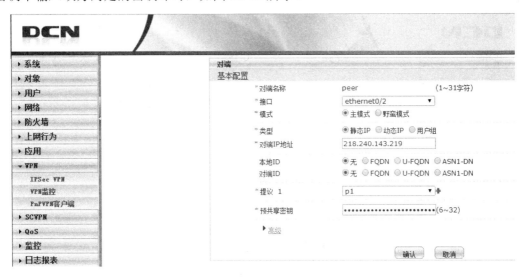

图 S5-15 FW-B 防火墙端创建对端

第四步：创建隧道。

在 VPN 选项卡中选择 IPSec VPN 选项，在弹出的操作界面中选择 IPSEC VPN 选项卡，创建防火墙 FW-B 到防火墙 FW-A 的 VPN 隧道，并定义相关参数。

(1) 创建对端。与防火墙 A 上面创建对端的操作相同，这里不再重复，操作配置如图 S5-16 所示。

图 S5-16　FW-B 防火墙端导入对端

(2) 创建隧道。与防火墙 A 上面创建隧道的操作相同，这里不再重复，操作配置如图 S5-17 所示。

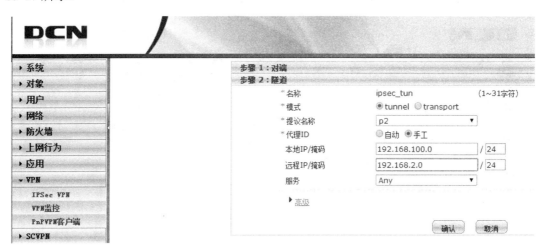

图 S5-17　FW-B 防火墙端创建 VPN 隧道 ipsec_tun

第五步：创建隧道接口并与 IPSec 绑定。

在网络选项卡中选择接口选项，新建隧道接口指定安全域并绑定 IPSec 隧道，如图 S5-18 所示。

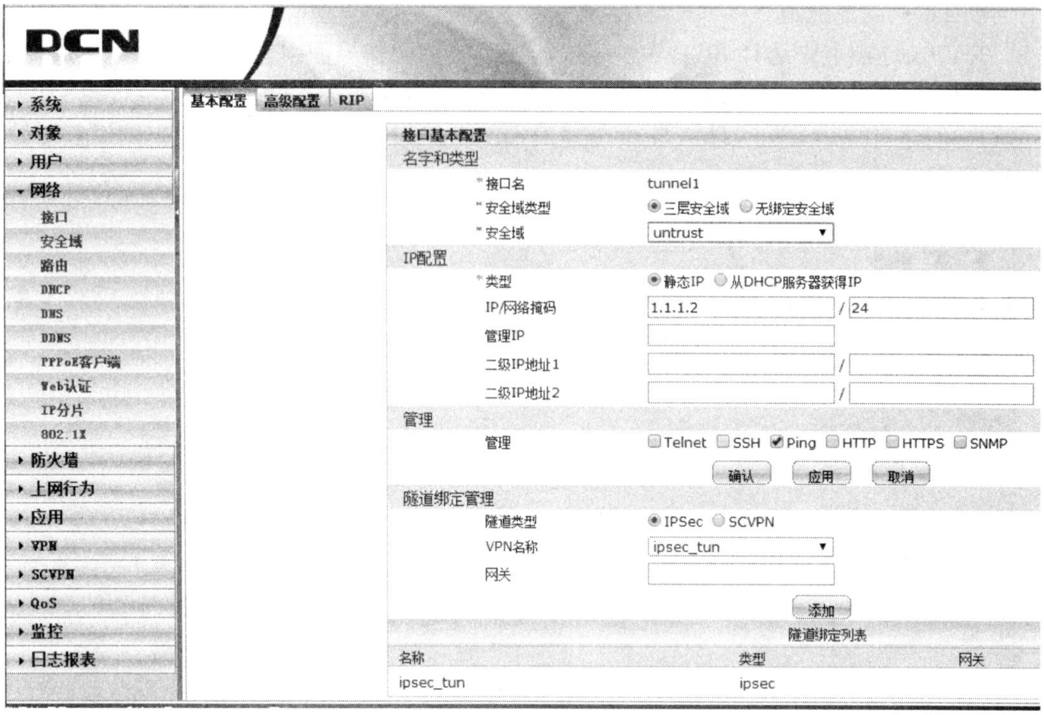

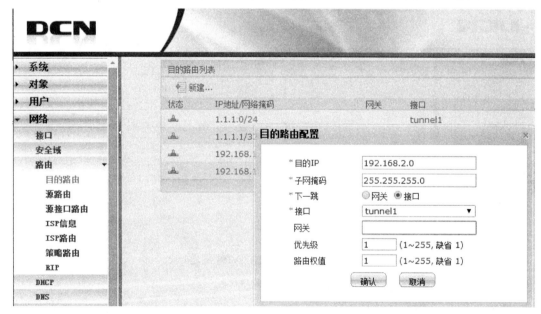

图 S5-18　FW-B 防火墙端创建隧道接口

　　第六步：添加隧道路由。

　　在网络选项卡中选择路由选项，在弹出的子菜单中选择目的路由选项，新建一条目的路由，目的地址是对端加密保护子网，网关为创建的 tunnel 口，如图 S5-19 所示。

图 S5-19　FW-B 防火墙端新建目的路由

　　第七步：添加安全策略。

在创建安全策略前首先要创建本地网段和对端网段的地址簿。

(1) 创建 local 地址簿。在地址簿中新建 local 地址簿，IP 地址中输入 192.168.100.0/24，如图 S5-20 所示。

图 S5-20　FW-B 防火墙端创建本地地址簿 local

(2) 创建 remote 地址簿。在地址簿中新建 remote 地址簿，IP 地址中输入 192.168.2.0/24，如图 S5-21 所示。

图 S5-21　FW-A 防火墙端创建远端地址簿 remote

(3) 创建完成两个地址簿后，在防火墙选项卡中，选择策略选项，新建策略，允许本地 VPN 保护子网访问对端 VPN 保护子网，创建从 trust 到 untrust 的策略，源地址为 local，目的地址为 remote，服务簿为 Any，行为为允许操作，如图 S5-22 所示。

图 S5-22　FW-B 防火墙端制定本地内网到对端内网的访问安全策略

(4) 允许对端 VPN 保护子网访问本地 VPN 保护子网，创建从 untrust 到 trust 的策略，源地址为 remote，目的地址为 local，服务簿为 Any，行为为允许操作，如图 S5-23 所示。

图 S5-23　FW-B 防火墙端制定对端内网到本地内网的安全访问策略

第八步：验证测试。

1) 防火墙 VPN 状态监测

在测试两个内网之间的相互通信之前，需要先查看防火墙上的 IPSec VPN 是否处于激活状态。点击 VPN 选项卡中的 VPN 监控选项，在弹出的操作界面中选择 ISAKMP SA 选项卡，查看状态是否建立。VPN 连接成功的话，在此列表中会看到，如图 S5-24 所示。

图 S5-24　防火墙 FW-A 端的状态监测

查看防火墙 FW-A 上的 IPSec VPN 状态。如果防火墙 A 处于 InActive 状态的话，可以 Telnet 登录防火墙，使用 Ping 命令进行激活，如图 S5-25 所示。

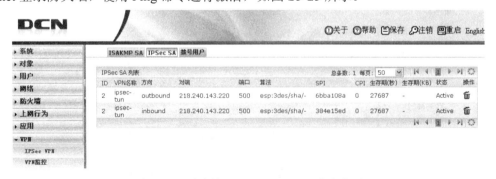

图 S5-25　防火墙 FW-A IPSec VPN 状态监测

查看防火墙 FW-B 上的 IPSec VPN 状态。同理，如果防火墙 B 处于 InActive 状态，以 Telnet 登录防火墙，并使用 Ping 命令进行激活，如图 S5-26 所示。

图 S5-26　防火墙 FW-B IPSec VPN 状态监测

2) 防火墙所保护内网 PC 机的配置

防火墙 A 所保护的内网 PC1，其 IP 地址和子网掩码为 192.168.2.10/24。通过 VPN 方式访问防火墙 B 所保护的内网 PC2，其 IP 地址和子网掩码为 192.168.100.10。PC1 IP 基本配置如图 S5-27 所示。

这里注意，PC1 的默认网关一定要写明防火墙 A 的内网接口地址：192.168.2.1。如果不设置正确的网关，会影响访问的结果。PC2 IP 基本配置如图 S5-28 所示。

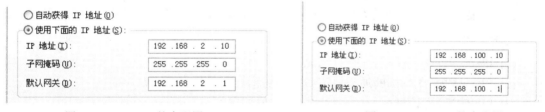

图 S5-27　PC1 IP 基本配置　　　　　　图 S5-28　PC2 IP 基本配置

这里注意，PC2 的默认网关一定要写明防火墙 B 的内网接口地址：192.168.100.1。如果不设置正确的网关，会影响访问的结果。

3) 远程访问测试

按照上述方式配置各个内网的 PC 机后就可以通过 VPN 进行远程访问了，PC1 测试 PC2 结果如图 S5-29 所示，PC2 测试 PC1 结果如图 S5-30 所示。

```
C:\Documents and Settings\Administrator>ping 192.168.100.10

Pinging 192.168.100.10 with 32 bytes of data:

Reply from 192.168.100.10: bytes=32 time<1ms TTL=64
Reply from 192.168.100.10: bytes=32 time<1ms TTL=64
Reply from 192.168.100.10: bytes=32 time<1ms TTL=64
Reply from 192.168.100.10: bytes=32 time<1ms TTL=64

Ping statistics for 192.168.100.10:
    Packets: Sent = 4, Received = 4, Lost = 0 (0% loss),
Approximate round trip times in milli-seconds:
    Minimum = 0ms, Maximum = 0ms, Average = 0ms
```

图 S5-29　PC1 远程访问 PC2 测试

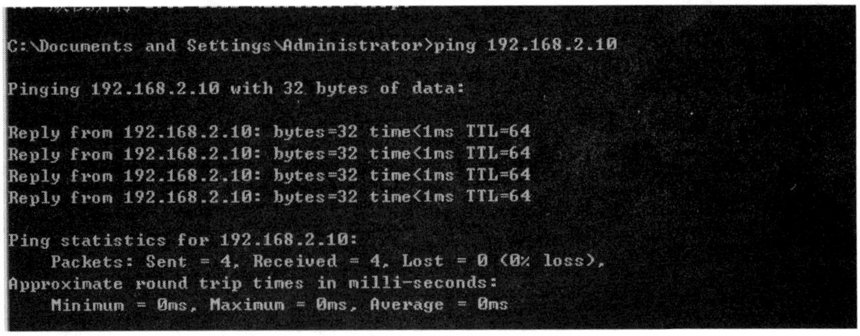

图 S5-30 PC2 远程访问 PC1 测试

📑 **相关知识**

(1) 需要 IPSec 隧道建立的条件必须要一端触发才可。

(2) 关于 tunnel 接口地址设置，如果未设置，从一端局域网无法 Ping 通另外一端防火墙内网口地址；如果设置了 tunnel 地址，可以通过在防火墙 A 上 Ping 防火墙 B 的 tunnel 地址来实现触发。

(3) 在 IPSec VPN 隧道中关于代理 ID 的概念，这个代理 ID 是指本地加密子网和对端加密子网。如果两端都为神州数码多核防火墙，则该 ID 可以设置为自动；如果只是其中一端为多核墙，那么必须设置成手工。

(4) 需要 IPSec 隧道建立的条件必须要动态获取地址端触发。

(5) 如果防火墙一端为动态获取 IP 地址，则设置 VPN 对端中使用野蛮模式。

思考

(1) IPSec VPN 中的隧道有什么功能？

(2) IPSec VPN 中两端的通信协议如果不对称会出现什么情况？

(3) PPPOE 动态地址分配在实际环境中如何配置？

任务 5-2 静态策略虚拟专用网(IPSec VPN)的
访问控制与实现

📖 **知识导入**

什么是策略静态 IPSec VPN

IPSec VPN 即指采用 IPSec 协议来实现远程接入的一种 VPN 技术，IPSec 全称为 Internet Protocol Security，是由 Internet Engineering Task Force (IETF) 定义的安全标准框架，用以提供公用和专用网络的端对端加密和验证服务。

根据设置的安全策略的优先级别进行 IPSec VPN 通信的方式就是策略静态 IPSec VPN。

🖥 **案例及分析**

防火墙 FW-A 和 FW-B 都具有合法的静态 IP 地址，其中防火墙 FW-A 的内部保护子网为 192.168.1.0/24，防火墙 FW-B 的内部保护子网为 192.168.100.0/24。要求在 FW-A 与

FW-B 之间创建 IPSec VPN，使两端的保护子网能通过 VPN 隧道互相访问。

一、网络拓扑

网络拓扑如图 S5-31 所示。

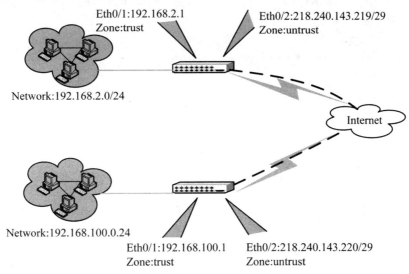

图 S5-31　网络拓扑

二、操作流程

1. 防火墙 FW-A 端的配置

第一步：创建 IKE 第一阶段提议。

在 VPN 选项卡中选择 IPSec VPN 选项，在弹出的操作界面中选择 P1 提议，对阶段 1 提议进行配置。这里定义 IKE 第一阶段的协商内容，两台防火墙的 IKE 第一阶段协商内容需要一致。提议名称中输入 p1，认证中选择 Pre-shared Key，验证算法选择 SHA-1，加密算法 3DES，DH 组选择 Group2，生存时间选择默认 86 400 秒，如图 S5-32 所示。

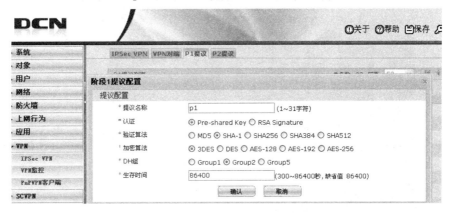

图 S5-32　FW-A 防火墙端建立阶段 1 提议 P1

第二步：创建 IKE 第二阶段提议。

在 VPN 选项中选择 IPSec VPN 选项，在配置界面中选择 P2 提议选项卡，点击新建弹出阶段 2 提议配置界面，在提议名称中输入 p2，协议选择 ESP，验证算法 1 选择 SHA-1，验证算法 2 选择无，验证算法 3 选择无，加密算法 1 选择 3DES，加密算法 2 选择无，加密算法 3 选择无，加密算法 4 选择无，压缩选择无，PFS 组选择 No PFS，生存时间输入缺省值 28 800。同样，定义 IKE 第二阶段的协商内容，两台防火墙的 IKE 第二阶段的协商内容完全一致，如图 S5-33 所示。

图 S5-33   FW-A 防火墙端建立阶段 2 提议 P2

第三步：创建对等体(peer)。

在 VPN 选项卡中选择 IPSec VPN 选项，在弹出的操作界面中选择 VPN 对端选项卡，点击"新建"按钮，新建对端。在对端名称中输入新建对端名 peer；接口选择 FW-A 的外网口 ethernet0/2；模式选择主模式；网络架构中 IP 地址为静态分配地址，在类型中选择静态 IP；对端 IP 地址输入 FW-B 的外网口地址 218.240.143.220；提议 1 处选择 p1 端；在预约共享密钥中输入双方约定的密钥即可，如图 S5-34 所示。

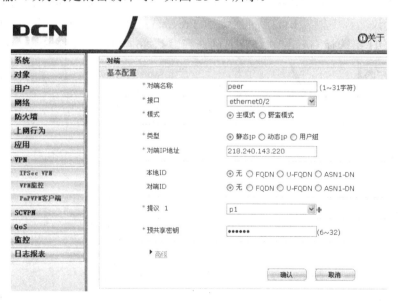

图 S5-34   FW-A 防火墙端创建对端

第四步：创建隧道。

在 VPN 选项卡中选择 IPSec VPN 选项，在弹出的窗口界面中选择 IPSec VPN 选项卡，点击新建按钮，创建防火墙 FW-A 到防火墙 FW-B 的 VPN 隧道，并定义相关参数。

(1) 创建对端。点击界面中的导入按钮，进入到步骤 1：对端配置界面。导入新创建的 peer 对端，接口中选择外网 ethernet0/2，模式选择主模式，类型为静态 IP，对端 IP 地址：218.240.143.220，提议 1 中选择 p1，预共享密钥自动生成，如图 S5-35 所示。

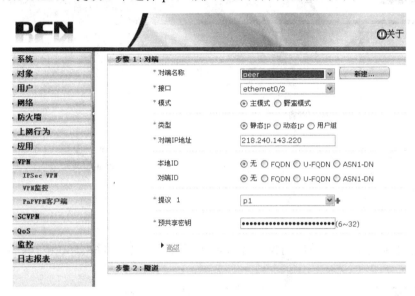

图 S5-35　FW-A 防火墙端导入对端

(2) 创建隧道。点击步骤 2：隧道，进入到隧道配置界面。创建防火墙 FW-A 到防火墙 FW-B 的隧道。新建隧道名称为 ipsec_tun，模式选择隧道 tunnel 模式，提议名称为 p2，代理 ID 选择手工方式，本地 IP/掩码为 FW-A 防火墙内网地址 192.168.2.0/24，远程 IP/掩码为 FW-B 防火墙内网地址 192.168.100.0/24。服务允许任何访问行为，因此选择 Any，点击确认，如图 S5-36 所示。

图 S5-36　FW-A 防火墙端创建 VPN 隧道 ipsec_tun

第五步：创建基于隧道的安全策略。

在添加安全策略之前先定义好表示两端保护子网的地址对象，下图中只列举其中一个地址簿。

(1) 创建 local 地址簿。首先创建本地网段 local 地址簿，192.168.2.0/24，如图 S5-37 所示。

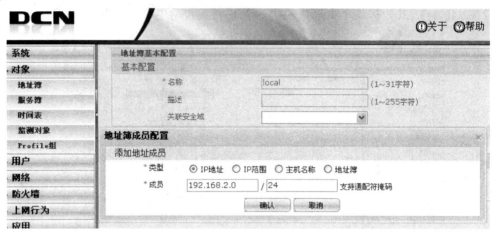

图 S5-37　FW-A 防火墙端创建本地地址簿 local

(2) 创建对端防火墙保护内网 remote 的地址簿，192.168.100.0/24，如图 S5-38 所示。

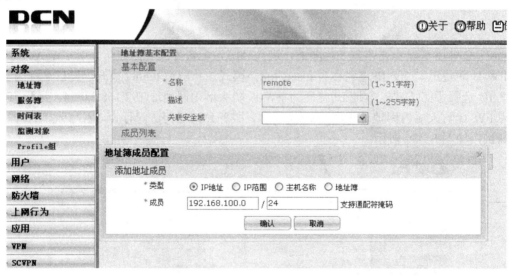

图 S5-38　FW-A 防火墙端创建远端地址簿 remote

添加安全策略，允许本地 VPN 保护子网访问对端 VPN 保护子网，在防火墙选项卡中选择策略，添加从内网到外网所属安全域的行为为隧道的安全策略。源安全域为 trust，源地址为 local，目的安全域为 untrust，目的地址为 remote，服务簿为 Any，在行为中选择隧道方式，然后在隧道中选择新建的 ipsec_tun 隧道，同时注意选择双向 VPN 策略，如图 S5-39 所示。

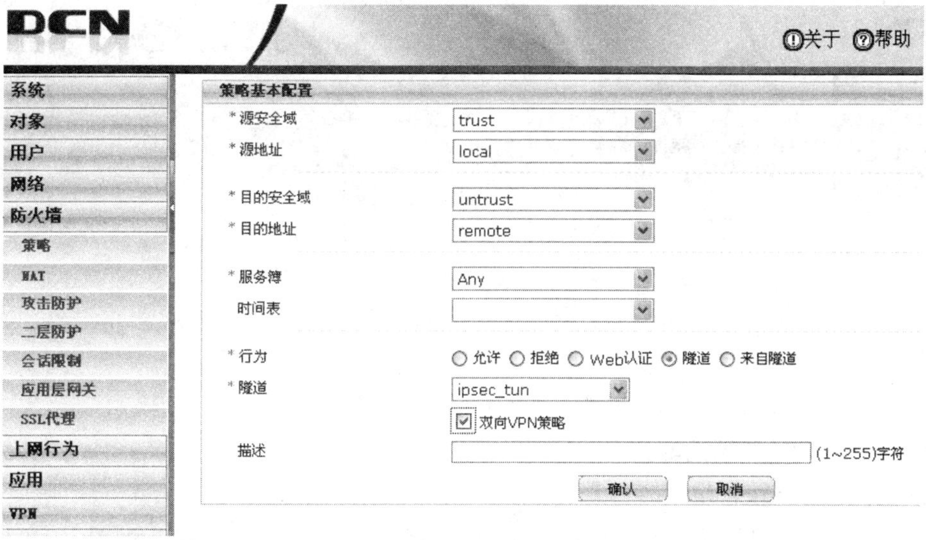

图 S5-39　FW-A 防火墙端制定本地内网到对端内网的双向访问安全策略

　　将该条基于隧道的安全策略移至该方向策略的最上方，同样将反方向的策略也移至该方向策略的最上方。

　　第六步：创建源 NAT 策略。

　　创建本段保护子网到对端保护子网的不做 NAT 的 NAT 策略，并将该策略置于首位。这里源地址选择地址簿 local，目的地址选择地址簿 remote，出接口选择 None，行为为不做 NAT 的策略，模式选择静态模式，ID 类型为自动分配 ID 类型，ID 位置为首位，点击确认，如图 S5-40 所示。创建的多个策略形成策略列表，如图 S5-41 所示。

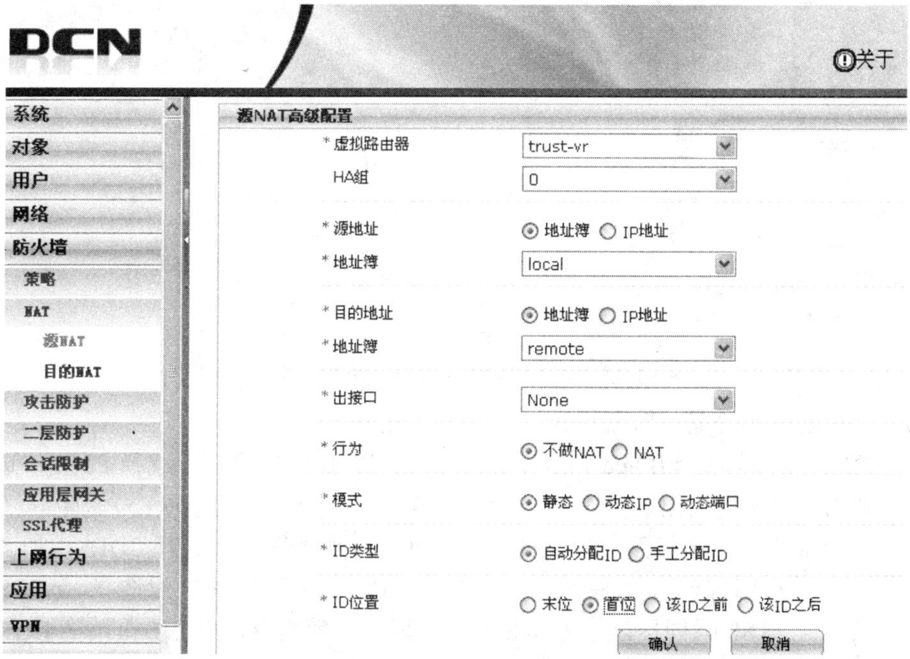

图 S5-40　创建源 NAT 策略

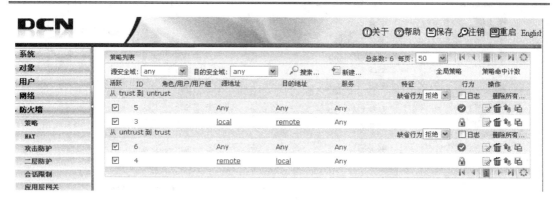

图 S5-41   防火墙 FW-A 端的策略列表

2. 防火墙 FW-B 端的配置

第一步：创建 IKE 第一阶段提议。

登录防火墙配置界面，在 VPN 选项卡中选择 IPSec VPN 选项进行配置。在配置界面中选择 P1 提议选项卡，点击新建弹出阶段 1 提议配置界面，在提议名称中输入 p1，认证采用 Pre-shared Key，验证算法选择 SHA-1，加密算法选择 3DES，DH 组选择 Group2，生存时间输入缺省值 86400。定义 IKE 第一阶段的协商内容，这里注意两台防火墙的 IKE 第一阶段的协商内容完全一致，如图 S5-42 所示。

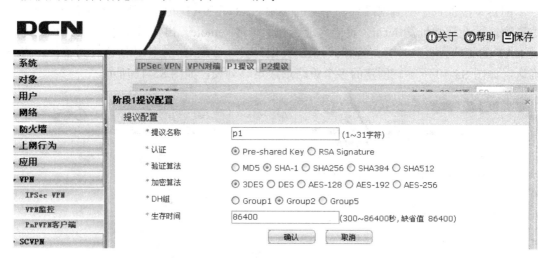

图 S5-42   防火墙 FW-B 端创建阶段 1 提议 p1

第二步：创建 IKE 第二阶段提议。

在 VPN 选项卡中选择 IPSec VPN 选项进行配置。在配置界面中选择 P2 提议选项卡，点击新建弹出阶段 2 提议配置界面，在提议名称中输入 p2，协议选择 ESP，验证算法 1 选择 SHA-1，验证算法 2 选择无，验证算法 3 选择无，加密算法 1 选择 3DES，加密算法 2 选择无，加密算法 3 选择无，加密算法 4 选择无，压缩选择无，PFS 组选择 No PFS，生存时间输入缺省值 28 800。同样，定义 IKE 第二阶段的协商内容，两台防火墙的 IKE 第二阶段的协商内容完全一致，如图 S5-43 所示。

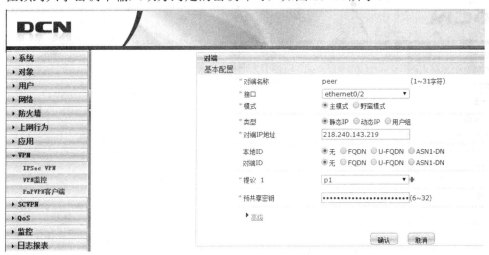

图 S5-43　防火墙 FW-B 端创建阶段 2 提议 p2

第三步：创建对等体(peer)。

在 VPN 选项卡中选择 IPSec VPN 选项，在弹出的窗口界面中选择 VPN 对端选项卡，点击"新建"按钮，新建对端。在对端名称中输入新建对端名 peer；接口选择 FW-A 的外网口 ethernet0/2；模式选择主模式；网络架构中 IP 地址为静态分配地址，在类型中选择静态 IP 地址；对端 IP 地址输入 FW-A 的外网口地址 218.240.143.219；在提议 1 处选择 p1 端；在预约共享密钥中输入双方约定的密钥即可，如图 S5-44 所示。

图 S5-44　FW-B 防火墙端创建对端

第四步：创建隧道。

在 VPN 选项卡中选择 IPSec VPN 选项,在弹出的窗口界面中选择 IPSEC VPN 选项卡，点击"新建"按钮，创建防火墙 FW-B 到防火墙 FW-A 的 VPN 隧道，并定义相关参数。

(1) 创建对端。点击界面中的导入按钮，进入步骤 1：对端配置界面。导入新创建的 peer 对端，接口中选择外网 ethernet0/2，模式选择主模式，类型为静态 IP 地址，对端 IP 地址：218.240.143.219，提议 1 中选择 p1，预共享密钥自动生成，如图 S5-45 所示。

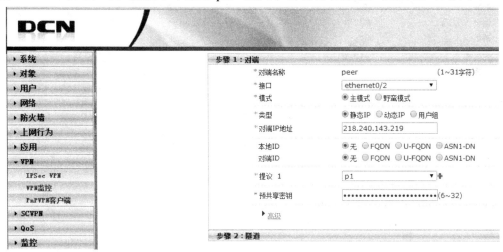

图 S5-45　FW-B 防火墙端导入对端

(2) 创建隧道。点击步骤 2：隧道，进入隧道配置界面。创建防火墙 FW-A 到防火墙 FW-B 的隧道。新建隧道名称 ipsec_tun，模式选择隧道 tunnel 模式，提议名称为 p2，代理 ID 选择手工方式，本地 IP/掩码为 FW-A 防火墙的内网地址 192.168.100.0/24，远程 IP/掩码为 FW-B 防火墙的内网地址 192.168.2.0/24，服务允许任何访问行为，因此选择 Any，点击确认，如图 S5-46 所示。

图 S5-46　FW-B 防火墙端创建 VPN 隧道 ipsec_tun

第五步：创建基于隧道的安全策略。

在添加安全策略之前先定义好表示两端保护子网的地址对象，下图中只列举其中一个地址簿。

(1) 首先创建本地网段 local 地址簿，192.168.100.0/24，如图 S5-47 所示。

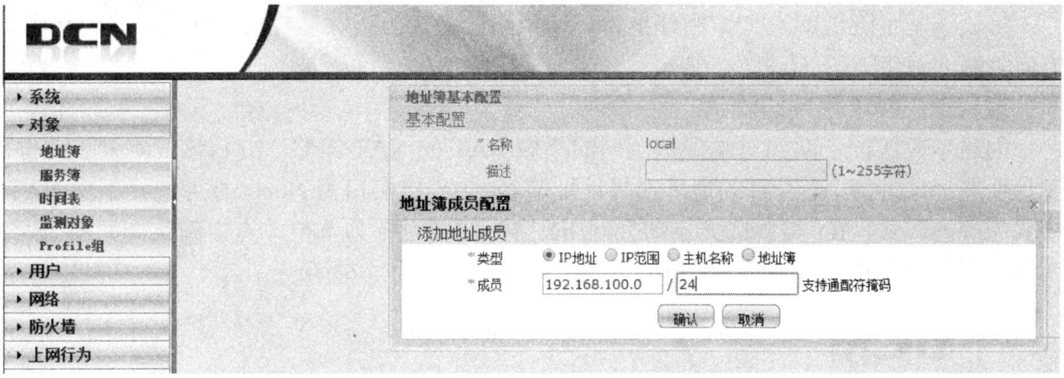

图 S5-47　FW-B 防火墙端创建本地地址簿 local

(2) 创建对端防火墙保护内网 remote 地址簿，192.168.2.0/24，如图 S5-48 所示。

图 S5-48　FW-B 防火墙端创建远端地址簿 remote

(3) 添加安全策略，允许本地 VPN 保护子网访问对端 VPN 保护子网。在防火墙/策略中，添加从内网到外网所属安全域的行为为隧道的安全策略，如图 S5-49 所示。

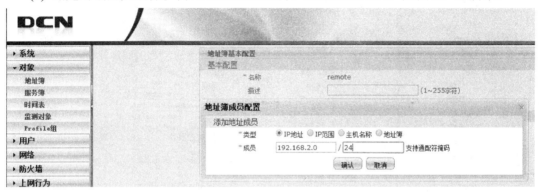

图 S5-49　创建防火墙 FW-B 端的 NAT 策略

将该条基于隧道的安全策略移至该方向策略的最上方，同样将反方向的策略也移至该方向策略的最上方。

第六步：创建源 NAT 策略。

创建本段保护子网到对端保护子网的不做 NAT 的 NAT 策略，并将该策略置于首位。源地址选择地址簿 local，目的地址选择地址簿 remote，出接口为 None，行为选择不做 NAT，模式为静态模式，ID 类型选择自动分配 ID，ID 位置设置为首位，点击确认，如图 S5-50 所示，所有的策略创建完成后在策略列表中显示，如图 S5-51 所示。

图 S5-50　防火墙 FW-B 端的 NAT 策略

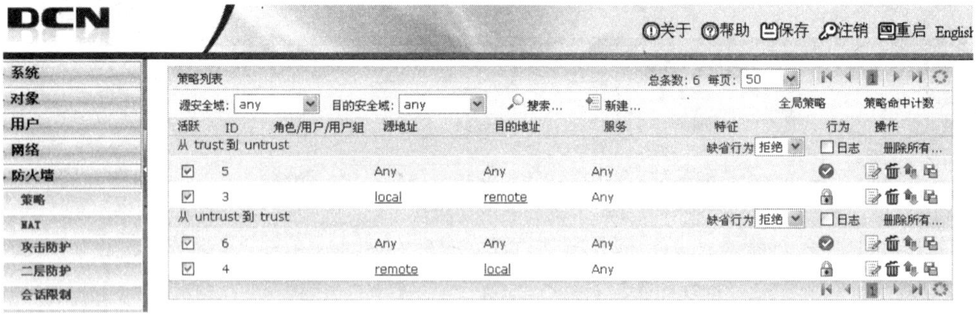

图 S5-51　防火墙 FW-B 端的策略列表

第七步：验证测试。

1) 防火墙 VPN 状态监测

在测试两个内网之间的相互通信之前，需要先查看防火墙上的 IPSec VPN 是否处于激活状态。操作方法是：点击 VPN 选项卡中的 VPN 监控选项，在弹出的操作界面中选择 IPSec SA 选项卡，查看是否处于 Active 状态，防火墙 A 的 VPN 激活状态如图 S5-52 所示，防火墙 B 的 VPN 激活状态如图 S5-53 所示。防火墙 A 与防火墙 B 通过 VPN 连接成功的话，在 ISAKMP SA 列表中会看到连接信息，如图 S5-54 所示。

图 S5-52　防火墙 FW-A 端的状态监测

图 S5-53　防火墙 FW-B IPSec VPN 状态监测

图 S5-54　防火墙 FW-A 与防火墙 FW-B IPSec VPN 状态监测

2) 防火墙所保护内网 PC 机的配置

防火墙 A 所保护的内网 PC1，其 IP 地址和子网掩码为 192.168.2.10/24。通过 VPN 方式访问防火墙 B 所保护的内网 PC2，其 IP 地址和子网掩码为 192.168.100.10。PC1 IP 基本配置如图 S5-55 所示。

　　这里注意，PC1 的默认网关一定要写明防火墙 A 的内网接口地址：192.168.2.1。如果不设置正确的网关，将会影响访问的结果。PC2 IP 具体配置如图 S5-56 所示。

图 S5-55　PC1 IP 基本配置　　　　　　　　　　　　图 S5-56　PC2 IP 基本配置

　　这里注意，PC2 的默认网关一定要写明防火墙 B 的内网接口地址：192.168.100.1。如果不设置正确的网关，会影响访问的结果。

　　3) 远程访问测试

　　按照上述方式配置各个内网的 PC 机后就可以通过 VPN 进行远程访问了，PC1 通过 VPN 远程访问 PC2 的测试结果如图 S5-57 所示，PC2 通过 VPN 远程访问 PC1 的测试结果如图 S5-58 所示。

```
C:\Documents and Settings\Administrator>ping 192.168.100.10

Pinging 192.168.100.10 with 32 bytes of data:

Reply from 192.168.100.10: bytes=32 time<1ms TTL=64
Reply from 192.168.100.10: bytes=32 time<1ms TTL=64
Reply from 192.168.100.10: bytes=32 time<1ms TTL=64
Reply from 192.168.100.10: bytes=32 time<1ms TTL=64

Ping statistics for 192.168.100.10:
    Packets: Sent = 4, Received = 4, Lost = 0 (0% loss),
Approximate round trip times in milli-seconds:
    Minimum = 0ms, Maximum = 0ms, Average = 0ms
```

图 S5-57　PC1 远程访问 PC2 测试

```
C:\Documents and Settings\Administrator>ping 192.168.2.10

Pinging 192.168.2.10 with 32 bytes of data:

Reply from 192.168.2.10: bytes=32 time<1ms TTL=64
Reply from 192.168.2.10: bytes=32 time<1ms TTL=64
Reply from 192.168.2.10: bytes=32 time<1ms TTL=64
Reply from 192.168.2.10: bytes=32 time<1ms TTL=64

Ping statistics for 192.168.2.10:
    Packets: Sent = 4, Received = 4, Lost = 0 (0% loss),
Approximate round trip times in milli-seconds:
    Minimum = 0ms, Maximum = 0ms, Average = 0ms
```

图 S5-58　PC2 远程访问 PC1 测试

⊟　相关知识

　　(1) 需要 IPSec 隧道建立的条件必须要一端触发才可。

　　(2) 基于隧道的策略要放在该方向策略的最上方，另外从本地到对端网段的源 NAT 策略(不做 NAT)应该放在源 NAT 策略的最上方。

　　(3) 在 IPSec VPN 隧道中关于代理 ID 的概念，这个代理 ID 是指本地加密子网和对端加密子网。如果两端都为神州数码多核防火墙，则该 ID 可以设置为自动；如果只是其中一端为多核墙，那么必须设置成手工。

思考

(1) 基于静态策略的 IPSec VPN 与基于静态路由的 IPSec VPN 在操作中有什么区别？

(2) 在 VPN 监控中如何激活隧道状态从 InActive 到 Active？

任务 5-3　远程安全访问虚拟专用网(SSL VPN)的访问控制与实现

📖 知识导入

什么是 SSL VPN

SSL VPN 指的是基于安全套接层协议(Security Socket Layer-SSL)建立远程安全访问通道的 VPN 技术。它是近年来兴起的 VPN 技术，其应用随着 Web 的普及和电子商务、远程办公的兴起而发展迅速。

🖥 案例及分析

企业员工经常出差在外，如果想访问企业内部的资源可以通过 SSL VPN 方式进行外网用户访问内网的操作，具体要求如下：

(1) 外网用户通过 Internet 使用 SSL VPN 接入内网；

(2) 允许 SSL VPN 用户接入后访问内网的 IP Server：192.168.2.10；

(3) 允许 SSL VPN 用户接入后访问内网的 WebWeb Server：192.168.2.20。

一、网络拓扑

网络拓扑如图 S5-59 所示。

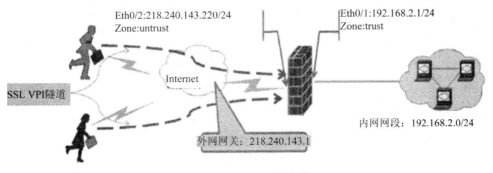

图 S5-59　网络拓扑

二、操作流程

第一步：配置 SCVPN 地址池。

通过配置 SCVPN 地址池为 VPN 接入用户分配 IP 地址，地址池需配置网路中未使用的网段。在 SCVPN 选项卡中选择 SCVPN 实例，在弹出的 SCVPN 地址列表中选择新建按钮，进行地址池的配置。池名称为 scvpn，起始 IP 地址为 172.16.1.10，终止 IP 地址为 172.16.1.20，这里只要选择网络拓扑结构中没有的 IP 网段就可以。网络掩码为标准掩码

255.255.255.0，如图 S5-60 所示。

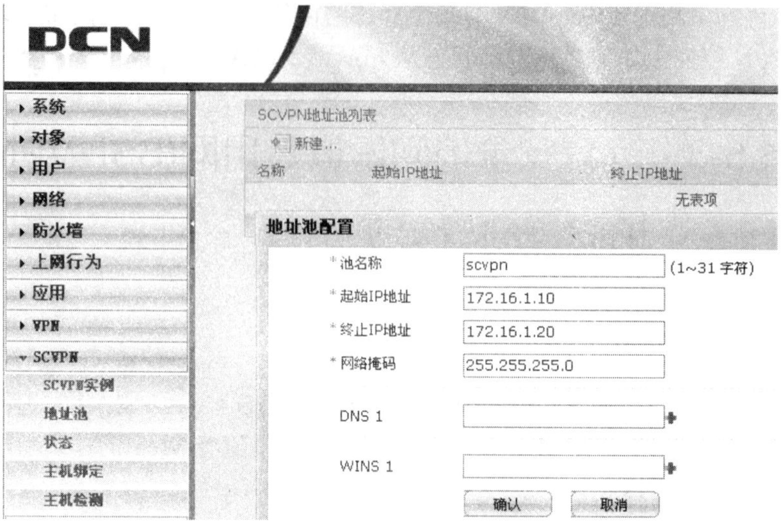

图 S5-60   新建 SCVPN 地址池

第二步：配置 SCVPN 实例——创建实例。

按照下图流程在 SCVPN 选项卡中选择 SCVPN 实例，点击新建按钮，创建 SCVPN 实例，绑定出接口 ethernet0/1、地址池 scvpn，点击确认，再次编辑隧道路由和 AAA 服务器才会显示出添加的选项按钮。注意：在添加隧道路由时，度量值建议设置成 1，如图 S5-61 所示。

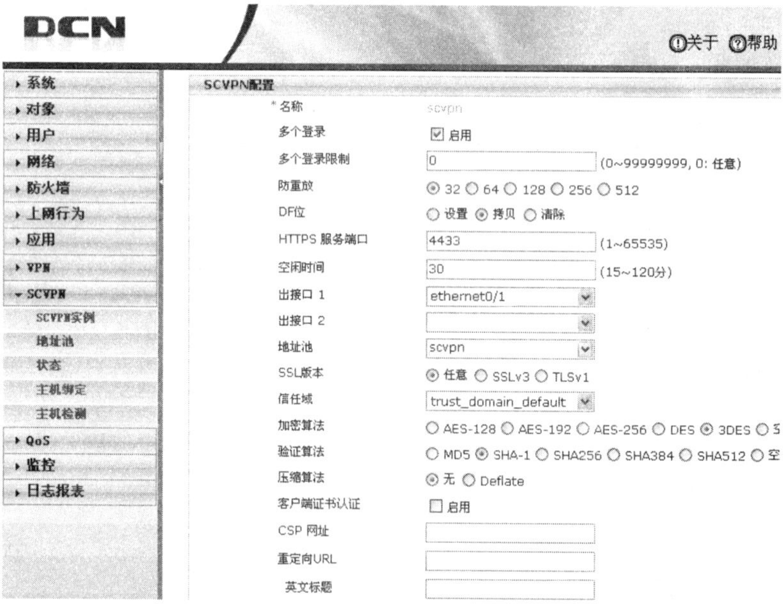

图 S5-61   新建 SCVPN 实例

隧道路由指需要通过 SCVPN 访问的资源，这里输入隧道路由 IP 地址为内网网段 192.168.2.0，子网掩码为 255.255.255.0，度量值选择 35 即可，如图 S5-62 所示。

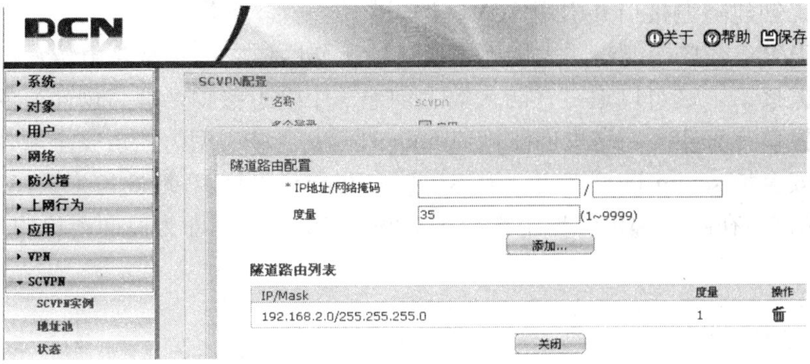

图 S5-62　新建隧道路由

AAA 服务器为 SCVPN 认证服务器，可以支持本地服务器和外置 AAA 服务器。这里输入 local(本地)服务器，如图 S5-63 所示。

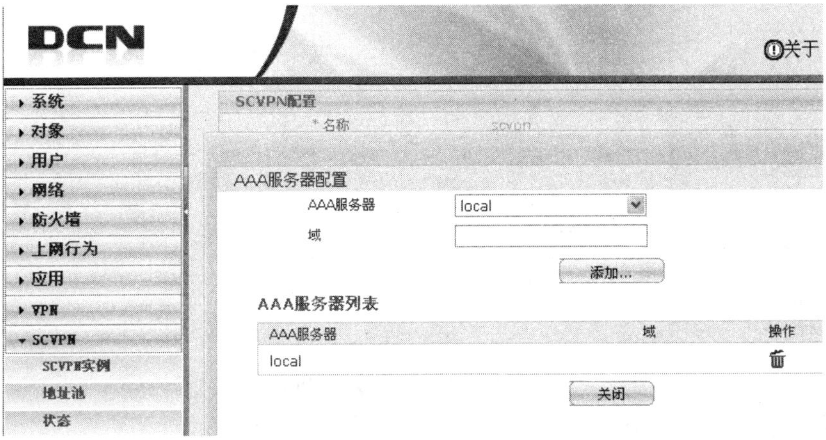

图 S5-63　新建 AAA 服务器

第三步：创建 SCVPN 所属安全域。

在网络选项卡中选择安全域选项，为创建的 SCVPN 新建一个安全域"scvpn"，安全域类型为"三层安全域"，如图 S5-64 所示。

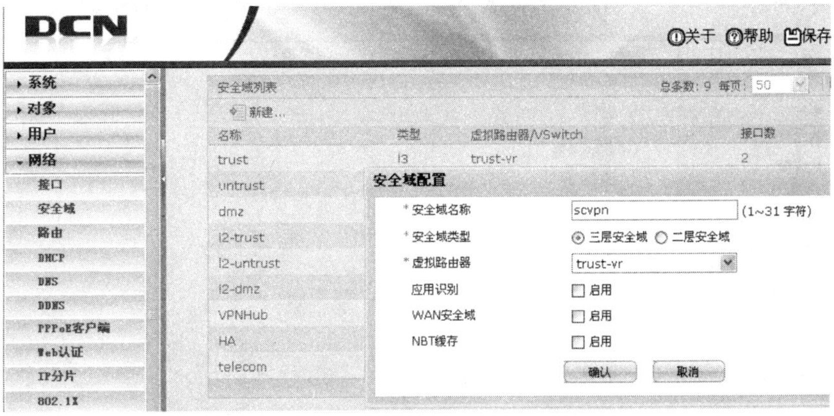

图 S5-64　创建 scvpn 三层安全域

第四步：创建隧道接口并引用 SCVPN 隧道。

为了 SCVPN 客户端能与防火墙上其他接口所属区域之间正常路由转发，需要为它们配置一个网关接口。这可以通过在防火墙上创建一个隧道接口，并将创建好的 SCVPN 实例绑定到该接口上来实现。这里创建接口 tunnel1，安全域类型为三层安全域，并将隧道接口与新建的安全域 scvpn 进行绑定。为隧道接口 tunnel 设置 IP 地址为 172.16.1.1，子网掩码为标准 24 位。在隧道绑定管理中选择 SCVPN 类型，名称即为前面新建的 scvpn，如图 S5-65 所示。

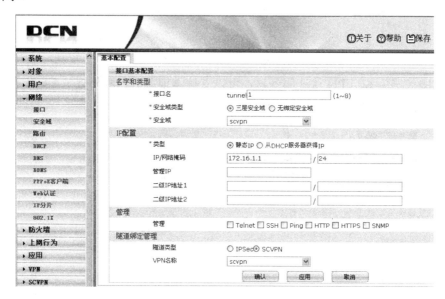

图 S5-65　创建隧道接口 tunnel1

第五步：创建安全策略。

在防火墙选项卡中选择策略选项，添加访问策略，允许通过 SCVPN 到内网的访问。设置源安全域为 scvpn，目的安全域为 trust，源地址与目的地址均为 Any，服务簿为 Any，行为选择允许，如图 S5-66 所示。

图 S5-66　制定访问策略

第六步：添加 SCVPN 用户账号。

创建 SCVPN 登录账号，因为本例中 SCVPN 实例使用 local 认证，所以需要在 AAA 服务器 local 中添加用户。为访问 SCVPN 设置用户 user1，同时设置密码，如图 S5-67 所示。

图 S5-67　创建 SCVPN 访问用户

第七步：SCVPN 登录演示。

在客户端上打开浏览器，这里注意开启浏览器后，选择 HTTPS 方式访问 SCVPN 实例所绑定的设备外网接口 IP，默认端口为 4433，在地址栏中键入：https://218.240.143.220:4433，在登录界面中填入用户账号和密码，点击登录。在弹出的窗口中选择是，继续进行访问，如图 S5-68 所示。

图 S5-68　进入 SCVPN 访问界面

　　若浏览器阻拦 Activex 控件，选择允许安装控件，以便安装 SCVPN 客户端插件。在弹出的登录界面中输入 SCVPN 访问内网的用户名和密码进行登录，如图 S5-69 所示。

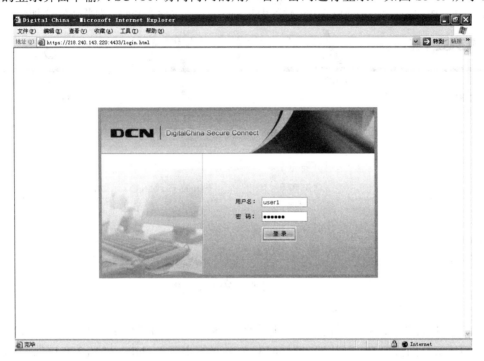

图 S5-69　进入 SCVPN 登录界面

对于非 IE 浏览器，也可通过下载客户端完成安装，如图 S5-70 所示。

图 S5-70　非 IE 浏览器下载客户端访问

客户端用户连接成功后可以看到，防火墙会将内网网段 192.168.2.0 的路由下发到拨号客户端，如图 S5-71 所示。

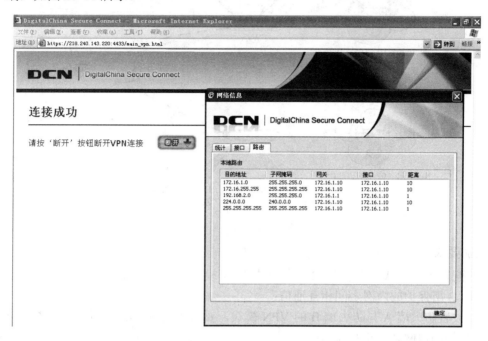

图 S5-71　连接成功后查看路由状况

📑 **相关知识**

(1) SCVPN 在客户使用时需要下载并安装相应的客户端软件才可以登录。

(2) SCVPN 是外网对内网的访问，这里要注意与 IPSEC VPN 相区别。

思考

(1) SSL 安全通道适用什么范围？

(2) SCVPN 的特点是什么？

项目实训五　　防火墙高级模式配置

实训目的

(1) 能够对两台防火墙进行常见配置；

(2) 根据用户需求配置实现防火墙 VPN 功能；

(3) 能熟练配置防火墙服务器功能；

(4) 能熟练配置防火墙过滤功能。

实训环境

某企业公司总部现有防火墙 A 保护内网 192.168.3.0/24 网段，通过外网接口 218.240.143.219/29 与 Internet 连接，分部有防火墙 B，保护内网 192.168.200.0/24 网段，通过外网口 218.240.143.220/29 与 Internet 连接，网络拓扑如图 S5-72 所示。

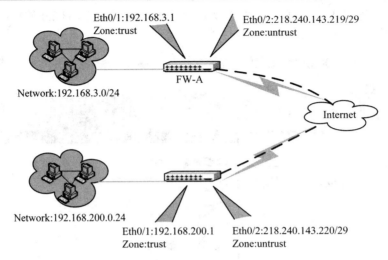

图 S5-72 网络拓扑

实训要求

(1) 配置防火墙 A 与防火墙 B 上的基本 NAT 模式，要求实现防火墙 A 所保护的内网与防火墙 B 所保护的内网之间相互通信；

(2) 设置防火墙 A 与防火墙 B 的 VPN 模式，要求实现防火墙 A 所保护的内网与防火墙 B 所保护的内网之间相互通信；

(3) 防火墙 B 所保护的内网用户 IP 通过防火墙内网口自动获取 IP 地址；

(4) 防火墙 A 所保护的内网用户访问外网时需要经过 Web 安全认证；

(5) 防火墙 A 所保护的内网用户上网时禁止使用 BT 下载软件。

项目 6 网络安全系统综合实训

目前的网络系统集成已不再是简单的网络综合布线与三层交换机和路由器之间的集成，而是防火墙、上网行为监控系统、网络服务器等网络及安全设备的系统集成。因此网络设备如何与安全设备互联，并最终实现相互通信，同时起到保护和监控网络的作用就至关重要。

一、网络拓扑

网络拓扑如图 S6-1 所示。

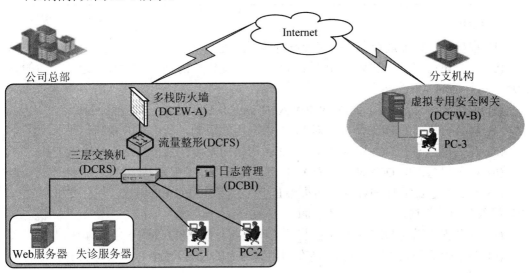

图 S6-1 网络拓扑

二、IP 地址规划表

IP 地址规划表如表 S6-1 所示。

表 S6-1 IP 地址规划表

设备名称	接 口	IP 地址	说 明
DCFW-A	上联	202.100.1.1/30	与 DCFW-B 相连
	下联	192.168.2.1/24	与 DCFS 相连
DCFW-B	上联	202.100.1.2/30	与 DCFW-A 相连
	下联	172.16.1.1/24	与 PC-3 相连
DCFS	上联	无	与 DCFW-A 相连
	下联	192.168.2.100/24	与 DCRS 相连

续表

设备名称	接　口	IP 地址	说　明
DCRS	VLAN 1	192.168.2.254/24	与 DCFS 相连
	VLAN 10	192.168.1.1/24	与服务器群相连
	VLAN 20	192.168.20.254/24	与 PC-1 相连
	VLAN 30	192.168.30.254/24	与 PC-2 相连
	VLAN 40	192.168.40.254/24	与 DCBI 相连
DCBI	上联	192.168.40.1/24	与 DCRS 相连
PC-1		192.168.20.1	
PC-2		192.168.30.1	
PC-3		172.16.1.2	

任务列表

(1) 根据公司地址规划表正确配置设备接口地址。

(2) 在公司总部的 DCFW-A 上做 DNAT,使分支机构的 PC3 可以通过远程桌面的方式管理公司总部的 Windows 服务器。

(3) 要求公司总部 PC-1 通过 DCFW-A 的 Web 认证后才能访问互联网。

(4) 在公司总部的 DCFW-A 上对 PC-2 做应用的限制,禁止 P2P 视频。

(5) 在公司总部的 DCFW-A 上对 PC-2 做应用的限制,禁止使用即时通讯工具。

(6) 在公司总部的 DCFW-A 上对 Web 服务器做带宽的保障,保障上/下行带宽为 10 M。

(7) 在公司总部的 DCFW-A 和防火墙 B 上面采用 IPSEC VPN 模式,使分支机构的 PC-3 通过拨入公司总部访问内部服务器资源。

(8) 在分支机构的 DCFW-B 做伪装及访问控制, 使 PC-3 能通过防火墙访问总部。

(9) 为了保证公司内网的安全,现在利用网络内的设备,禁止 PC1 发送带有"法轮功"字眼的邮件。

(10) PC-1 的员工经常在工作的时候浏览无关网站,现在利用上网行为管理设备监控 PC-1 访问网站的信息。

(11) 采用动态路由的方式,实现全网络互连。

任务分析

公司总部的防火墙 DCFW-A 为主防火墙,对内网的控制要求比较高,包含广域网对公司内网的访问,这就需要在防火墙上做 DNAT 模式实现外网对内网的访问。同时公司对防火墙内网所保护的用户进行了多方面的上网行为的控制,包括通过 Web 安全认证访问外网、访问外网过程中禁止 P2P 的应用限制、禁止 IM 通信软件的使用、访问带宽的限制、访问网页中带有"法轮功"的关键字过滤要求,在整个上网过程中开启上网行为监控模式。总部的防火墙与分部的防火墙通过虚拟专用网 VPN 实现,要求两个内网的用户可以相互访问,因此需要采用 IPSEC VPN 模式。

1. **防火墙的配置**

第一步：搭建防火墙 A 和防火墙 B 的基本环境，实现对接口的配置。

(1) 防火墙 A 接口配置。根据拓扑结构，设定防火墙 A 的 ethernet0/2 接口为内网口，三层安全域，安全域为 trust，IP 及子网掩码为 192.168.2.1/24；设定防火墙 A 的 ethernet0/1 接口为外网口，三层安全域类型，安全域为 untrust，IP 及子网掩码为 202.100.1.1/30，配置完成的接口在接口列表中显示，如图 S6-2 所示。

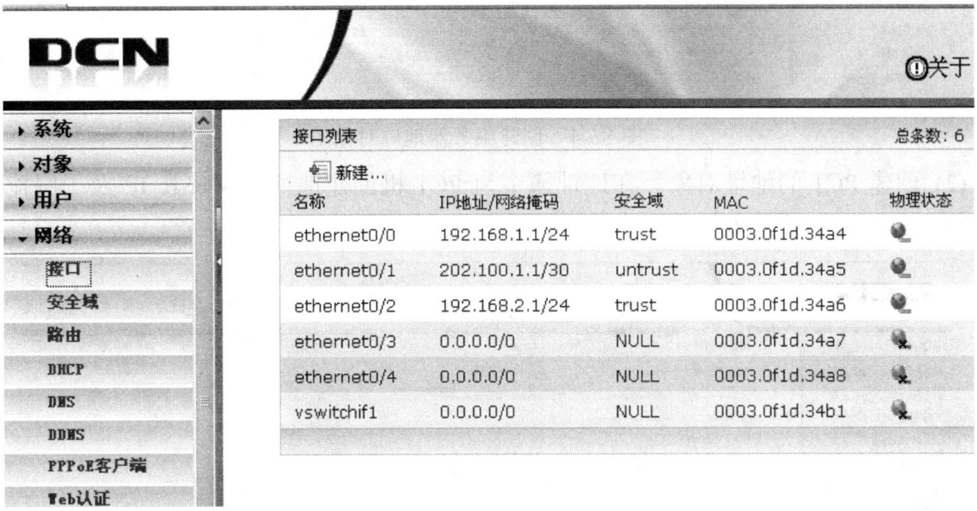
DCN
关于
系统
对象
用户
网络
接口
安全域
路由
DHCP
DNS
DDNS
PPPoE客户端
Web认证
接口列表
总条数：6
新建...
名称 IP地址/网络掩码 安全域 MAC 物理状态
ethernet0/0 192.168.1.1/24 trust 0003.0f1d.34a4
ethernet0/1 202.100.1.1/30 untrust 0003.0f1d.34a5
ethernet0/2 192.168.2.1/24 trust 0003.0f1d.34a6
ethernet0/3 0.0.0.0/0 NULL 0003.0f1d.34a7
ethernet0/4 0.0.0.0/0 NULL 0003.0f1d.34a8
vswitchif1 0.0.0.0/0 NULL 0003.0f1d.34b1

图 S6-2 防火墙 DCFW-A 接口列表

(2) 防火墙 B 接口配置。根据拓扑结构，设定防火墙 B 的 ethernet0/2 接口为内网口，三层安全域，安全域为 trust，IP 及子网掩码为 172.16.1.1/24；设定防火墙 B 的 ethernet0/1 接口为外网口，三层安全域，安全域为 untrust，IP 及子网掩码为 202.100.1.2/30，配置完成的接口在接口列表中显示，如图 S6-3 所示。

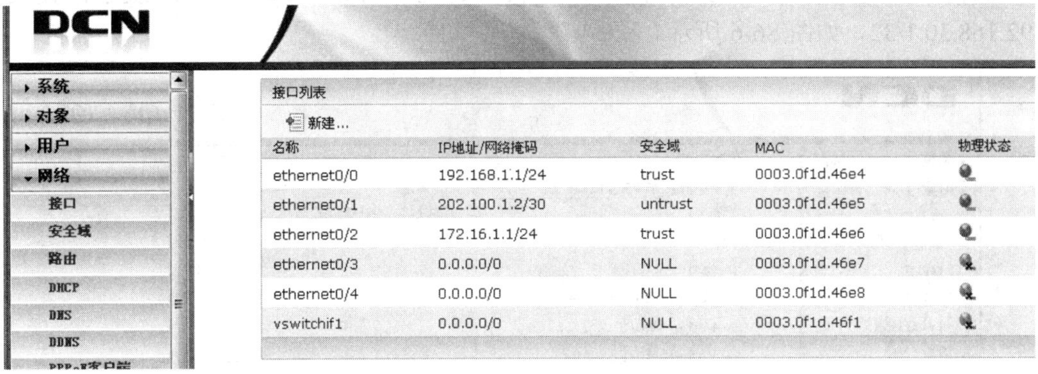
DCN
系统
对象
用户
网络
接口
安全域
路由
DHCP
DNS
DDNS
接口列表
新建...
名称 IP地址/网络掩码 安全域 MAC 物理状态
ethernet0/0 192.168.1.1/24 trust 0003.0f1d.46e4
ethernet0/1 202.100.1.2/30 untrust 0003.0f1d.46e5
ethernet0/2 172.16.1.1/24 trust 0003.0f1d.46e6
ethernet0/3 0.0.0.0/0 NULL 0003.0f1d.46e7
ethernet0/4 0.0.0.0/0 NULL 0003.0f1d.46e8
vswitchif1 0.0.0.0/0 NULL 0003.0f1d.46f1

图 S6-3 防火墙 DCFW-B 接口列表

第二步：创建操作中需要的基本对象-地址对象、服务对象。

(1) 创建服务器地址对象。为实现拓扑结构中用到的 Web 服务器 IP 地址，在地址簿中需要创建对应的地址簿对象 Web 服务器，其 IP 地址为 192.168.10.1/32。由于是单个主机服务器，因此子网掩码为 32 位，如图 S6-4 所示。

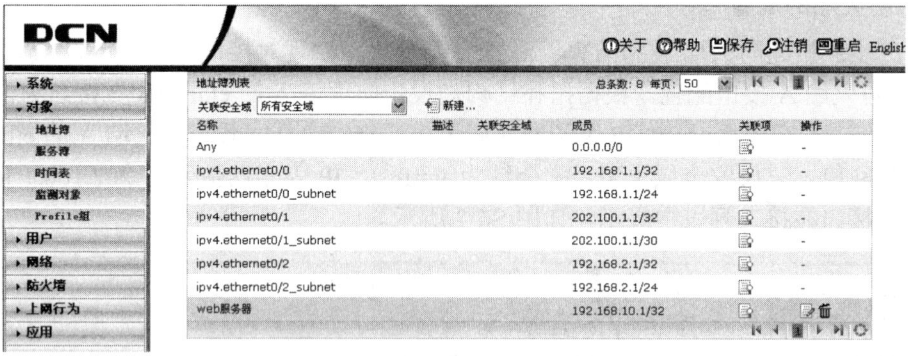

图 S6-4　创建服务器地址对象

(2) 创建 PC1 的地址对象。在地址簿中为 PC1 机创建地址对象，其 IP 及子网掩码为
192.168.20.1/32，如图 S6-5 所示。

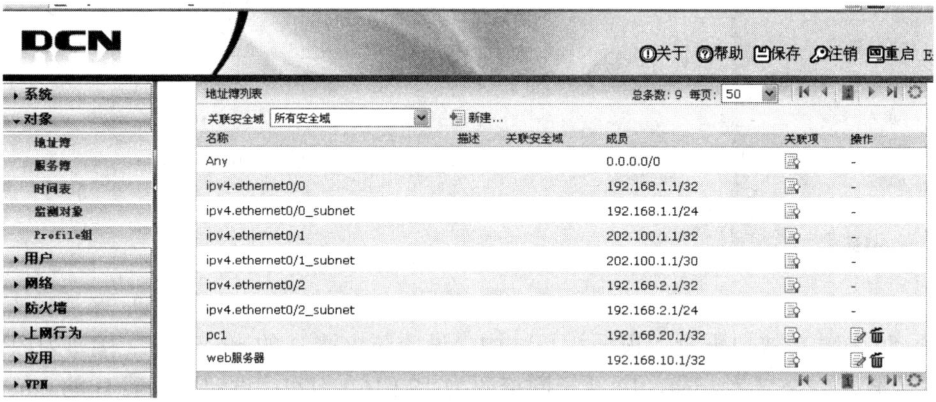

图 S6-5　创建 PC1 的地址对象

(3) 创建 PC2 地址对象。为 PC2 主机创建地址对象 PC2，其 IP 及子网掩码为
192.168.30.1/32，如图 S6-6 所示。

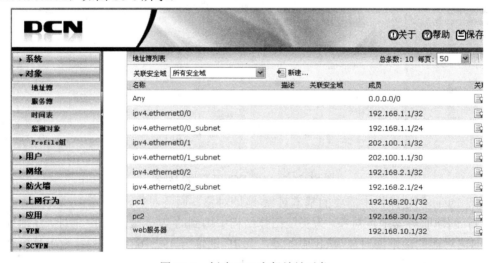

图 S6-6　创建 PC2 主机地址对象

（4）创建远程服务对象。为拓扑结构中用到的 Web 服务器远程访问服务在服务簿中创建 Web 服务，将 Web 服务器所使用的"HTTP、PING"服务添加进去，如图 S6-7 所示。

图 S6-7 创建远程访问服务

第三步：对主防火墙实现广域网对内网的访问控制与实现。

为了使分支机构的 PC3 可以通过远程桌面的方式管理公司总部的 Windows 服务器，在防火墙 A 上制作 DNAT 模式。具体操作可以参见任务 2-3：广域网访问局域网的控制与实现，这里不再赘述，主要操作界面如图 S6-8 所示。

图 S6-8 配置 DNAT 模式

第四步：对主防火墙进行 Web 安全认证控制与实现。

（1）创建 AAA 服务器。为实现 PC-1 通过 DCFW-A 的 Web 认证后才能访问互联网，首先创建 AAA 服务器，如图 S6-9 所示。

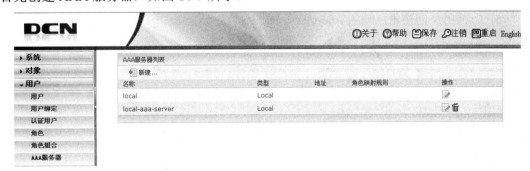

图 S6-9 创建 AAA 服务器

（2）在 AAA 服务器下创建用户组 usergroup1，如图 S6-10 所示。

图 S6-10 创建用户组

(3) 在 AAA 服务器下创建用户 user1，如图 S6-11 所示。

图 S6-11 创建用户

(4) 为该用户创建角色 role-web-ftp，如图 S6-12 所示。

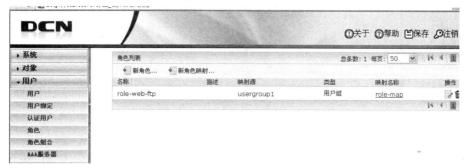

图 S6-12 创建角色及角色映射

(5) 为该用户创建角色映射 role-map，如图 S6-13 所示。

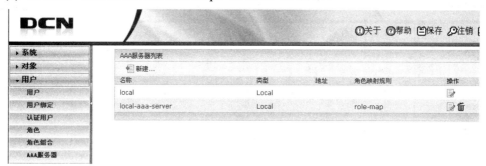

图 S6-13 创建角色映射

(6) 制定放行策略。根据网络拓扑需求制定放行策略。为实现 Web 安全认证，制定 trust

到 untrust 的四条策略。为实现 DNAT 模式，实现从外网到内网的访问，制定 untrust 到 trust 的访问策略。具体操作参见任务 4-3：Web 安全认证控制与实现，这里不再赘述，操作配置如图 S6-14 所示。

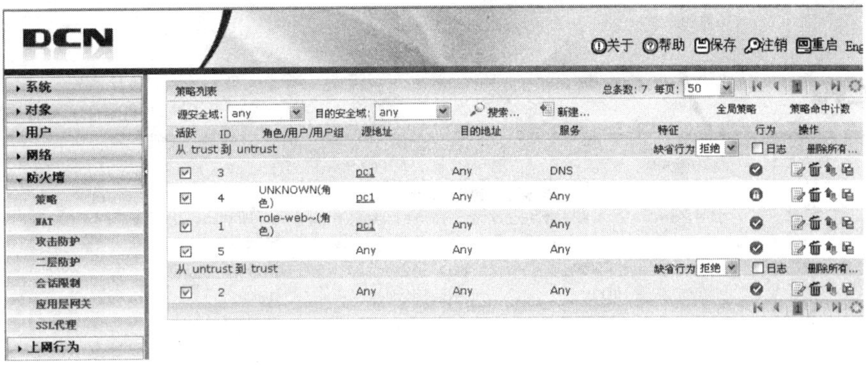

图 S6-14　放行策略

第五步：设置应用 QoS 限制，禁止 P2P 视频服务。

(1) 禁用 P2P 应用。对 PC-2 做应用限制，禁止 P2P 视频。具体操作参见任务 4-2：局域网带宽及应用访问控制与实现，这里不再赘述，如图 S6-15 所示。

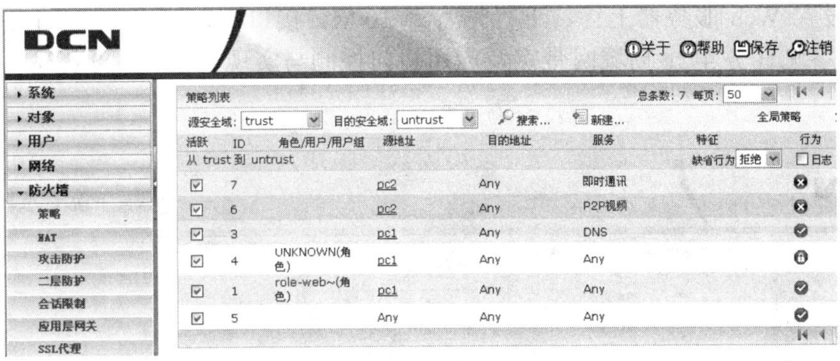

图 S6-15　禁止 P2P 应用

(2) 禁止即时通讯服务。对 PC-2 做应用限制，禁止即时通讯服务，为 QQ、MSN 等即时通讯服务在服务组中创建新服务即时通讯，并制定相关的放行策略具体操作可以参见任务 4-4：网络通信软件访问控制与实现，这里不再赘述，如图 S6-16 所示。

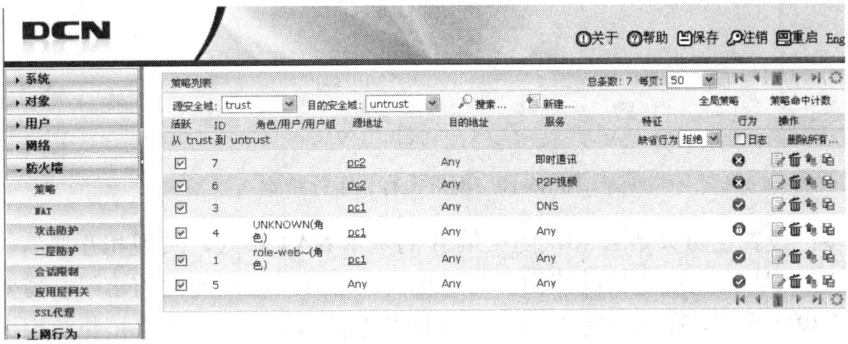

图 S6-16　禁止即时通讯

第六步：设置网络带宽限制。

(1) 设置外网口实际带宽。对 Web 服务器做带宽的保障，保障上/下行带宽为 10 M，具体操作可以参见任务 4-2：局域网带宽及应用访问控制与实现，这里不再赘述，如图 S6-17 所示。

图 S6-17 配置外网口实际带宽

(2) 设置 Web 服务器上行、下行带宽为 10 M。接口绑定外网口 ethernet0/2，具体操作可以参见任务 4-2：局域网带宽及应用访问控制与实现，这里不再赘述，如图 S6-18 所示。

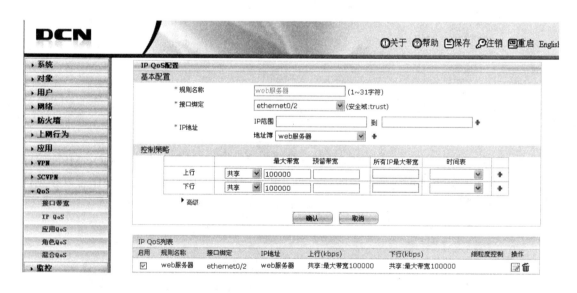

图 S6-18 配置上行、下行带宽

第七步：设置主防火墙 A 和次防火墙 B 的基本 NAT 模式，实现相互通信。

(1) 在防火墙 A 上配置目的路由。为实现公司总部内网到外网的访问，需要对防火墙 A 做 SNAT 模式配置，在配置完成防火墙 A 的基本接口后，根据网络拓扑结构进行目的路由的设置，生成有效的目的路由列表，操作结果如图 S6-19 所示。

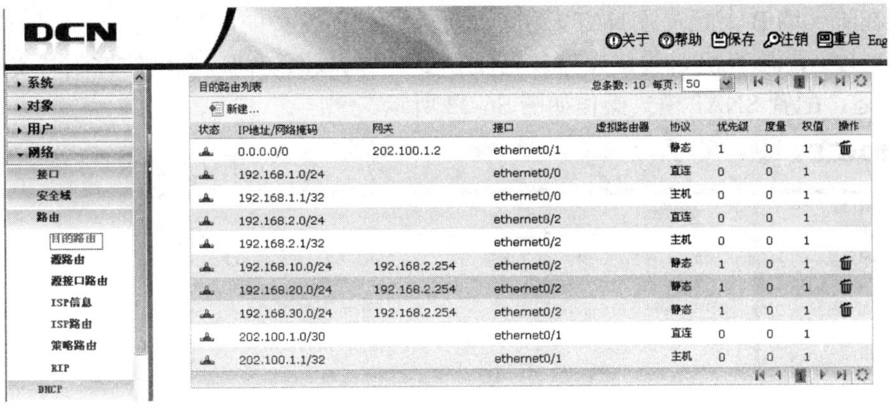

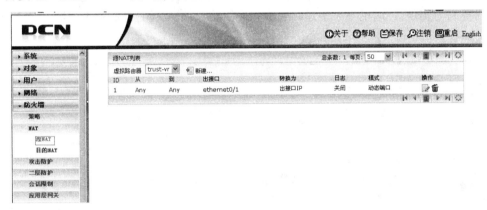

图 S6-19　防火墙 A 上配置目的路由

(2) 在防火墙 A 上配置源 NAT。为实现防火墙 A 所保护的内网到外网的访问，需要在防火墙 A 上配置源 NAT，具体操作参见任务 2-1：局域网访问广域网的控制与实现，这里不再赘述，配置 SNAT 模式操作如图 S6-20 所示。

图 S6-20　防火墙 A 上配置 SNAT 模式

(3) 在防火墙 B 上配置目的路由。为实现子公司内网到外网的访问，需要对防火墙 B 做 SNAT 模式配置，在配置完成防火墙 B 基本接口后，根据网络拓扑结构进行目的路由的设置，生成有效的目的路由列表，操作结果如图 S6-21 所示。

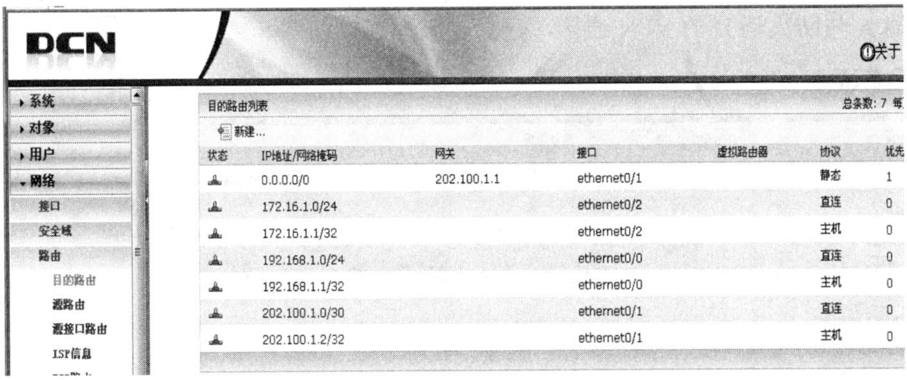

图 S6-21　防火墙 B 上配置目的路由

(4) 在防火墙 B 上配置源 NAT。为实现防火墙 B 所保护的内网到外网的访问，需要在防火墙 B 上配置源 NAT，具体操作参见任务 2-1 "局域网访问广域网的控制与实现"，这里不再赘述，配置 SNAT 模式操作如图 S6-22 所示。

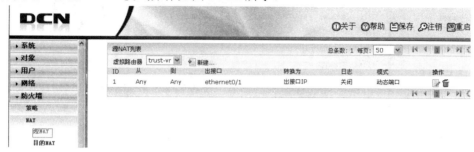

图 S6-22　防火墙 B 上配置源 NAT

第八步：设置主防火墙 A 和次防火墙 B 的 IPSec VPN 模式，实现相互通信。

(1) 在防火墙 A 上进行 IPSec VPN 配置。具体操作可以参见任务 5-1 "静态路由虚拟专用网（IPSec VPN)的访问控制与实现"，以及任务 5-2 "静态策略虚拟专用网（IPSec VPN)的访问控制与实现"，这里不再赘述。配置完成的防火墙 A 端的策略列表如图 S6-23 所示。

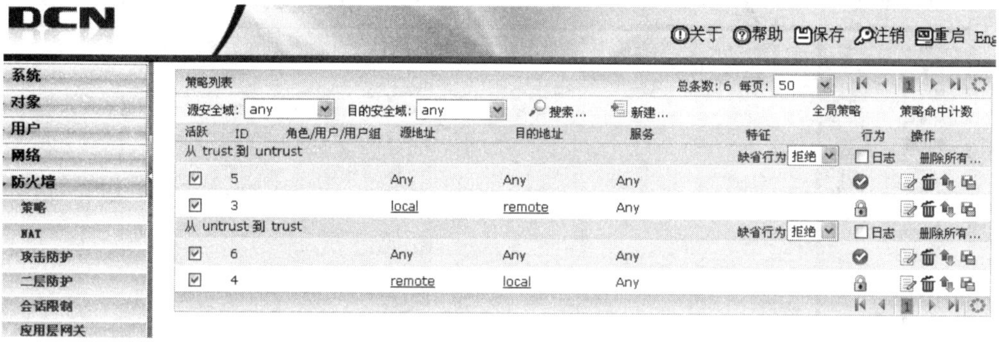

图 S6-23　防火墙 A 端的策略列表

(2) 在防火墙 B 上进行 IPSec VPN 配置。具体操作可以参见任务 5-1 "静态路由虚拟专用网（IPSec VPN)的访问控制与实现" 以及任务 5-2 "静态策略虚拟专用网（IPSec VPN)的访问控制与实现"，这里不再赘述。防火墙 B 端 IPSec VPN 配置完成后，通过激活，实现防火墙 A 与防火墙 B 的 VPN 连接，建立起来的连接如图 S6-24 所示。

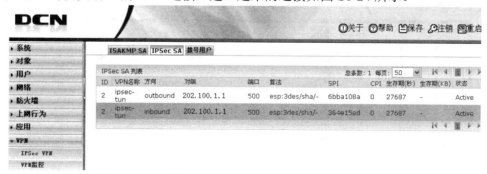

图 S6-24　防火墙 B 与防火墙 A 建立 VPN 连接状态监测

第九步：测试。

(1) 使用 PC3 主机进行测试。PC3 主机与 PC2 主机进行 ping 命令测试，其主机 IP 地址为 192.168.30.1，测试结果如图 S6-25 所示。PC3 主机与 PC1 主机进行 ping 命令测试，其主机 IP 地址为 192.168.20.1，测试结果如图 S6-26 所示。

```
C:\Documents and Settings\Administrator>ping 192.168.30.1

Pinging 192.168.30.1 with 32 bytes of data:

Reply from 192.168.30.1: bytes=32 time=1ms TTL=125
Reply from 192.168.30.1: bytes=32 time=1ms TTL=125
Reply from 192.168.30.1: bytes=32 time=1ms TTL=125
Reply from 192.168.30.1: bytes=32 time=1ms TTL=125

Ping statistics for 192.168.30.1:
    Packets: Sent = 4, Received = 4, Lost = 0 (0% loss),
Approximate round trip times in milli-seconds:
    Minimum = 1ms, Maximum = 1ms, Average = 1ms
```

图 S6-25   PC3 主机与 PC2 主机测试

```
C:\Documents and Settings\Administrator>ping 192.168.20.1

Pinging 192.168.20.1 with 32 bytes of data:

Reply from 192.168.20.1: bytes=32 time<1ms TTL=125
Reply from 192.168.20.1: bytes=32 time<1ms TTL=125
Reply from 192.168.20.1: bytes=32 time<1ms TTL=125
Reply from 192.168.20.1: bytes=32 time=1ms TTL=125

Ping statistics for 192.168.30.1:
    Packets: Sent = 4, Received = 4, Lost = 0 (0% loss),
Approximate round trip times in milli-seconds:
    Minimum = 1ms, Maximum = 1ms, Average = 1ms
```

图 S6-26   PC3 主机与 PC1 主机测试

(2) 使用 PC1 主机进行测试。PC1 主机与 PC3 主机进行 ping 命令测试，其主机 IP 地址为 172.16.1.2，测试结果如图 S6-27 所示。PC1 主机与 PC2 主机进行 ping 命令测试，其主机 IP 地址为 192.168.30.1，测试结果如图 S6-28 所示。

```
C:\Documents and Settings\Administrator>ping 172.16.1.2

Pinging 172.16.1.2 with 32 bytes of data:

Reply from 172.16.1.2: bytes=32 time=1ms TTL=125
Reply from 172.16.1.2: bytes=32 time<1ms TTL=125
Reply from 172.16.1.2: bytes=32 time=1ms TTL=125
Reply from 172.16.1.2: bytes=32 time=1ms TTL=125

Ping statistics for 172.16.1.2:
    Packets: Sent = 4, Received = 4, Lost = 0 (0% loss),
Approximate round trip times in milli-seconds:
    Minimum = 0ms, Maximum = 1ms, Average = 0ms
```

图 S6-27   PC1 主机与 PC3 主机测试

```
C:\Documents and Settings\Administrator>ping 192.168.30.1

Pinging 192.168.30.1 with 32 bytes of data:

Reply from 192.168.30.1: bytes=32 time=1ms TTL=125
Reply from 192.168.30.1: bytes=32 time=1ms TTL=125
Reply from 192.168.30.1: bytes=32 time=1ms TTL=125
Reply from 192.168.30.1: bytes=32 time=1ms TTL=125

Ping statistics for 192.168.30.1:
    Packets: Sent = 4, Received = 4, Lost = 0 (0% loss),
Approximate round trip times in milli-seconds:
    Minimum = 1ms, Maximum = 1ms, Average = 1ms
```

图 S6-28　PC1 主机与 PC2 主机测试

（3）使用 PC2 主机进行测试。PC2 主机与 PC3 主机进行 ping 命令测试，其主机 IP 地址为 172.16.1.2，测试结果如图 S6-29 所示。PC2 主机与 PC1 主机进行 ping 命令测试，其主机 IP 地址为 192.168.20.1，测试结果如图 S6-30 所示。

```
C:\Documents and Settings\Administrator>ping 172.16.1.2

Pinging 172.16.1.2 with 32 bytes of data:

Reply from 172.16.1.2: bytes=32 time=1ms TTL=125
Reply from 172.16.1.2: bytes=32 time<1ms TTL=125
Reply from 172.16.1.2: bytes=32 time=1ms TTL=125
Reply from 172.16.1.2: bytes=32 time=1ms TTL=125

Ping statistics for 172.16.1.2:
    Packets: Sent = 4, Received = 4, Lost = 0 (0% loss),
Approximate round trip times in milli-seconds:
    Minimum = 0ms, Maximum = 1ms, Average = 0ms
```

图 S6-29　PC2 主机与 PC3 主机测试

```
C:\Documents and Settings\Administrator>ping 192.168.20.1

Pinging 192.168.20.1 with 32 bytes of data:

Reply from 192.168.20.1: bytes=32 time<1ms TTL=125
Reply from 192.168.20.1: bytes=32 time<1ms TTL=125
Reply from 192.168.20.1: bytes=32 time<1ms TTL=125
Reply from 192.168.20.1: bytes=32 time=1ms TTL=125

Ping statistics for 192.168.30.1:
    Packets: Sent = 4, Received = 4, Lost = 0 (0% loss),
Approximate round trip times in milli-seconds:
    Minimum = 1ms, Maximum = 1ms, Average = 1ms
```

图 S6-30　PC2 主机与 PC1 主机测试

2. 三层交换机配置

DCRS-5950-28T(config)#show running-config

no service password-encryption

hostname DCRS-5950-28T

sysLocation China

sysContact 800-810-9119

tIP-Server enable

vlan 1;20;30

Interface Ethernet1/0/1

switchport access vlan 20

Interface Ethernet1/0/2

switchport access vlan 30 Interface Ethernet1/0/3 Interface Ethernet1/0/4 Interface Ethernet1/0/5!

Interface Ethernet1/0/6 Interface Ethernet1/0/7 Interface Ethernet1/0/8 Interface Ethernet1/0/9 Interface Ethernet1/0/10 Interface Ethernet1/0/11!

Interface Ethernet1/0/12 Interface Ethernet1/0/13 Interface Ethernet1/0/14 Interface Ethernet1/0/15!

Interface Ethernet1/0/16!

Interface Ethernet1/0/17 Interface Ethernet1/0/18 Interface Ethernet1/0/19 Interface Ethernet1/0/20 IP address 192.168.20.254 255.255.255.0 interface Vlan30

IP address 192.168.30.254 255.255.255.

Interface Ethernet1/0/21Interface Ethernet1/0/22Interface Ethernet1/0/23Interface Ethernet1/0/24Interface Ethernet1/0/25!

Interface Ethernet1/0/26Interface Ethernet1/0/27Interface Ethernet1/0/28interface Vlan1

IP address 192.168.2.254 255.255.255.0interface Vlan200router rIP

network 192.168.2.0/24

network 192.168.20.0/24

network 192.168.30.0/24IP route 0.0.0.0/0 192.168.2.1no login

end

附录　防火墙配置常见命令

1. 常见命令

1) 域命令模块

(1) 二级安全域的命令操作。

bind：将一个二层域绑定到所指定的虚拟交换机上。使用该命令 no 的形式取消绑定。

［命令］

bind *vswitch-name*

no bind *vswitch-name*

［句法描述］

vswitch-name 将域绑定到的虚拟交换机的名称。

［默认取值］

默认情况下，新建的二层域会绑定到 vswitch1(默认虚拟交换机)。

［命令模式］

域配置模式。

［使用指导］

该命令只适用于二层域。

［命令实例］

hostname(config)# zone myzone l2

hostname(config-zone)# bind vswitch2

hostname(config-zone)# exit

(2) 三级安全域的命令操作。

vrouter：默认情况下，所有的三层域都绑定到 trust-vr 中。该命令用来改变三层域的 VRouter。使用该命令 no 的形式恢复域到 trust-vr 的绑定。

［命令］

vrouter *vrouter-name*

no vrouter

［句法描述］

vrouter-name 指定将三层域绑定到的 VRouter 的名称。

［默认取值］

无。

［命令模式］

域配置模式。

［使用指导］

该命令只适用于三层域。

［命令实例］

hostname(config)# zone zone1

hostname(config-zone-zone1)# vrouter vrouter1

(3) 创建安全域。

zone：创建一个域并且进入域配置模式。如果域已存在，则直接进入域配置模式。使用该命令 no 的形式删除指定域。

［命令］

zone *zone-name* [l2]

no zone *zone-name*

［句法描述］

zone-name 域的名称。

l2 表示创建一个二层域。

［默认取值］

无默认值。

［命令模式］

全局配置模式。

［使用指导］

预定义域不可以被删除。

［命令实例］

hostname(config)# zone zone1 l2

hostname(config-zone-zone1)# exit

2) 接口命令模块

(1) aggregate aggregate*number*：把一个物理接口添加到集聚接口中。使用该命令 no 的形式把接口分离出集聚接口。

［命令］

aggregate aggregate *number*

no aggregate

［句法描述］

number 用来标识集聚接口。

［默认取值］

无默认值。

［命令模式］

接口配置模式。

［使用指导］

添加物理接口时，必须保证被添加的物理接口不属于任何其它接口也不属于任何安全域。

［命令实例］

hostname(config)# interface ethernet0/2

hostname(config-if-eth0/2)# aggregate aggregate1

(2) bgroup bgroup*number*：将物理接口添加到 BGroup 接口。使用该命令 no 的形式

把接口分离出 BGroup 接口。

［命令］

bgroup bgroup*number*

no bgroup

［句法描述］

number 用来标识 BGroup 接口。

［默认取值］

无默认值。

［命令模式］

接口配置模式。

［使用指导］

添加物理接口时，必须保证被添加的物理接口不属于任何其它接口也不属于任何安全域。

［命令实例］

hostname(config)# interface ethernet0/2

hostname(config-if-eth0/2)# bgroup bgroup1

(3) clear mac：清除所有 VSwitch 中的或者某个指定接口的 MAC 表项。

［命令］

clear mac [interface interface-name]

［句法描述］

interface-name 可选，为特定的接口名称。

［默认取值］

如果不指定接口名称，该命令会清除系统中所有 VSwitch 的 MAC 表项。

［命令模式］

执行模式。

［使用指导］

无。

(4) interface aggregate*number*：创建一个集聚接口并且进入接口配置模式。如果接口已存在，则直接进入接口配置模式。使用该命令 no 的形式删除指定的接口。

［命令］

interface aggregate *number*

no interface aggregate *number*

［句法描述］

number 用来标识所创建的集聚接口。

［默认取值］

无默认值。

［命令模式］

全局配置模式。

［使用指导］

删除接口之前，必须取消其它接口与集聚接口的绑定、集聚子接口的配置、接口的 IP 地址配置以及接口与安全域的绑定。

［命令实例］

hostname(config)# interface aggregate1

(5) interface aggregate*number.tag*：创建一个集聚子接口并且进入子接口配置模式。如果子接口已存在，则直接进入子接口配置模式。使用该命令 no 的形式删除指定的子接口。

［命令］

interface aggregate *number.tag*

［句法描述］

number 用来标识集聚接口。

tag 用来标识子接口的数字，范围是从 1 到 4094。

［默认取值］

无默认值。

［命令模式］

全局配置模式。

［使用指导］

无。

［命令实例］

hostname(config)# interface aggregate1.1

(6) interface bgroup*number*：创建一个 BGroup 接口并且进入接口配置模式。如果接口已存在，则直接进入接口配置模式。使用该命令 no 的形式删除指定的接口。

［命令］

interface bgroup*number*

no interface bgroup*number*

［句法描述］

number 用来标识所创建的 BGroup 接口。

［默认取值］

无默认值。

［命令模式］

全局配置模式。

［使用指导］

删除接口之前，请先删除 BGroup 接口的子接口，取消接口的 IP 地址配置以及接口与安全域的绑定。

［命令实例］

hostname(config)# interface bgroup1

(7) interface ethernet*m/n*：进入以太网接口配置模式。

［命令］

interface ethernet*m/n*

［句法描述］

m 接口的插槽号。

n 接口的端口号。

［默认取值］

无默认值。

［命令模式］

全局配置模式。

［使用指导］

无。

［命令实例］

hostname(config)# interface ethernet0/2

(8) interface tunnel*number*：创建一个隧道接口并且进入接口配置模式。如果接口已存在，则直接进入接口配置模式。使用该命令 no 的形式删除指定的接口。

［命令］

interface tunnel*number*

no interface tunnel*number*

［句法描述］

number 用来标识所创建的隧道接口。

［默认取值］

无默认值。

［命令模式］

全局配置模式。

［使用指导］

无。

［命令实例］

hostname(config)# interface tunnel1

(9) interface vlan*id*：创建 VLAN 接口并进入 VLAN 接口配置模式。如果接口已经存在，则直接进入接口配置模式。使用该命令 no 的形式删除指定的接口。

［命令］

interface vlan*id*

［句法描述］

id 用来标识所创建的 VLAN 接口，范围是 1 到 223 和 256 到 4094。

［默认取值］

无默认值。

［命令模式］

全局配置模式。

［使用指导］

无。

［命令实例］

hostname(config)# interface vlan10

(10) IP address：为接口指定 IP 地址或二级 IP 地址。为接口取消 IP 地址或者二级 IP 地址，使用相应的 no 格式命令。

［命令］

IP address {*IP-address/mask* | dhcp [setroute] | pppoe [setroute]}

IP address *IP-address/mask* secondary

［句法描述］

IP_address 接口的 IP 地址。

mask 可选 IP 地址的网络掩码。

dhcp [setroute]指定接口通过 DHCP 协议获得 IP 地址。如果配置 setroute 参数，系统会将 DHCP 服务器提供的网关信息设置为默认网关路由。

pppoe [setroute] 指定接口通过 PPPoE 协议获得 IP 地址。如果配置 setroute 参数，系统会将 PPPoE 服务器提供的网关信息设置为默认网关路由。

secondary 指定 IP 地址为接口的二级 IP 地址。

［默认取值］

无默认值。

［命令模式］

接口配置模式。

［使用指导］

♦ DCFOS 支持两种子网掩码书写方法，所以 1.1.1.1/24 也可写成 1.1.1.1 255.255.255.0。

♦ 配置 IP 地址前，要先把接口绑定到三层域。绑定到二层域的接口或者在冗余、集聚模式下的接口不能绑定 IP 地址。

♦ 在配置二级 IP 地址前，请先配置主 IP 地址。删除 IP 地址前，如果存在二级 IP 地址，请先删除其二级 IP 地址。

♦ 配置静态 IP 地址的接口可以有两个二级 IP 地址。

［命令实例］

hostname(config)# interface ethernet0/2

hostname(config-if)# ip address 10.1.1.1 255.255.255.0

hostname(config-if)# no ip address

hostname(config-if)# ip address dhcp

hostname(config-if)# no ip address dhcp

(11) manage：开启接口的 HTTP、HTTPS、Ping、SNMP、SSH、Telnet 功能。使用该命令 no 的形式关闭接口的相应功能。

［命令］

manage {ssh | telnet | ping | snmp | http | https }

no manage {ssh | telnet | ping | snmp | http | https}

［句法描述］

ssh 接口的 SSH 功能。

telnet 接口的 Telnet 功能。

ping 接口的 Ping 功能。

snmp 接口的 SNMP 功能。

http 接口的 HTTP 功能。

https 接口的 HTTPS 功能。

［默认取值］

无默认值。

［命令模式］

接口配置模式。

［使用指导］

无。

［命令实例］

hostname(config)# interface ethernet0/2

hostname(config-if-eth0/2)# manage http

(12) shutdown：通过命令强制关闭特定接口，并且可以通过时间表控制接口的关闭时间，或者根据监测接口的链路状态控制接口的关闭。使用该命令 no 的形式取消强制关闭接口功能并清除此功能的所有相关配置。

［命令］

shutdown [track *track-object*] [schedule *schedule-name*]

no shutdown

［句法描述］

shutdown 立即关闭接口。

track *trackobject* 指定监测对象名称。如果指定该参数，接口会在监测对象失败时处于关闭状态。

schedule *schedule-name* 指定时间表名称。如果指定该参数，接口会在时间表指定的时间范围内处于关闭状态。

［默认取值］

所有的物理接口默认情况下都是打开的。

［命令模式］

接口配置模式。

［使用指导］

无。

［命令实例］

hostname(config)# interface ethernet0/2

hostname(config-if-eth0/2)# shutdown track obj1

(13) tunnel：绑定 VPN/GRE 隧道到隧道接口。使用该命令 no 的形式取消绑定。

［命令］

tunnel {{IPsec | gre} *tunnel-name* [gw *IP-address*] scvpn *vpn-name* |

l2tp *tunnel-name* }

no tunnel {IPsec *vpn-name* | gre *tunnel-name* | scvpn *vpn-name* | l2tp

tunnel-name }

［句法描述］

{IPsec | gre}

tunnel-name 指定绑定到隧道接口的 IPSec VPN 隧道的名称或者 GRE 隧道的名称。

gw *IP-address* 指定 VPN/GRE 隧道的下一跳 IP 地址，可以为对端隧道接口的 IP 地址或者对端出接口的 IP 地址。当需要为隧道接口绑定多个 IPSec VPN/GRE 隧道时，此配置参数有效。系统默认值为 0.0.0.0。

scvpn *vpnname* 指定绑定到隧道接口的 SCVPN 隧道的名称。一个隧道接口最多只能绑定一个 SCVPN 隧道。

l2tp *tunnelname* 指定绑定到隧道接口的 L2TP 隧道的名称。一个隧道接口最多只能绑定一个 L2TP 隧道。

［默认取值］

无默认值。

［命令模式］

接口配置模式。

［使用指导］

一个隧道接口可以绑定多个 IPSec VPN 隧道或 GRE 隧道，也可以绑定一个 SCVPN 隧道或一个 L2TP 隧道。多次配置该命令为隧道接口绑定多个 VPN/GRE 隧道。

［命令实例］

hostname(config)# interface tunnel1

hostname(config-if-tun1)# tunnel IPsec vpn1

(14) zone：将接口绑定到域。使用该命令 no 的形式取消接口与域的绑定。

［命令］

zone *zone-name*

no zone

［句法描述］

zone-name 域的名称。

［默认取值］

无默认值。

［命令模式］

接口配置模式。

［使用指导］

在使用 no zone 命令取消接口与三层域的绑定前，必须将此三层接口配置的 IP 地址取消。

［命令实例］

hostname(config-if-eth0/2)# zone trustzone1

hostname(config-if-eth0/2)# no zone

3) 地址命令模块

(1) address：向全局地址簿中添加一个地址条目并且进入地址配置模式。如果条目已存在，则直接进入地址配置模式。使用该命令 no 的形式删除该地址条目。

［命令］

address *address-entry*

no address *address-entry*

［句法描述］

address-entry 指定要添加的地址条目的名称。

［默认取值］

无。

［命令模式］

全局配置模式。

［使用指导］

已经被其他模块引用的地址条目不能被删除。

［命令实例］

hostname(config)# address internal

hostname(config)# no address internal

(2) host：为地址条目添加一个主机类型成员。使用该命令 no 的形式删除该成员。

［命令］

host *host-name*

no host *host-name*

［句法描述］

host-name 指定主机名称。

［默认取值］

无默认值。

［命令模式］

地址配置模式。

［使用指导］

无。

［命令实例］

hostname(config-address)# host host1.hilltonenet.com

hostname(config-address)# no host host1.hostnamenet.com

(3) IP：为地址条目添加一个 IP 地址范围。使用该命令 no 的形式删除该地址范围。

［命令］

IP *IP-address* {*netmask* | *wildcardmask*}

no IP *IP-address* {*netmask* | *wildcardmask*}

［句法描述］

IP-address 指定 IP 成员的 IP 地址。

netmask |指定子网掩码(*netmask*)或者通配符掩码(*wildcardmask*)。

wildcardmask DCFOS 不支持掩码转换为二进制后，其位数里从右往左第一个"1"左边的"0"的个数超过 8 个的通配符掩码（"0"可以连续也可以不连续)，比如 255.0.0.255

是无效的通配符掩码；255.0.255.0 和 255.32.255.0 等均为有效的通配符掩码。

　　［默认取值］

无默认值。

　　［命令模式］

地址配置模式。

　　［使用指导］

无。

　　［命令实例］

hostname(config-addr)# IP 192.168.1.0/24

hostname(config-addr)# no IP 192.168.1.0/24

　　(4) range：为地址条目添加一个 IP 地址段。使用该命令 no 的形式删除该 IP 地址段。

　　［命令］

range *min_IP* [*max-IP*]

no range *min_IP* [*max-IP*]

　　［句法描述］

min_IP [*max-IP*] 确定 IP 地址范围的两个 IP 地址。

　　［默认取值］

无默认值。

　　［命令模式］

地址配置模式。

　　［使用指导］

无。

　　［命令实例］

hostname(config-addr)# range 192.168.100.1 192.168.100.10

hostname(config-addr)# no range 192.168.100.1 192.168.100.10

　　4) 服务命令模块

　　(1) icmp：为用户自定义服务创建一条 ICMP 协议服务条目。使用该命令 no 的形式将指定条目从服务中删除。

　　［命令］

icmp type *type-value* [code *min-code* [*max-code*]][timeout *timeoutvalue*]

no icmp type *type-value* [code *min-code* [*max-code*]][timeout *timeoutvalue*]

　　［句法描述］

type *type-value* 指定 ICMP 协议服务条目的 type 值。

code 可选指定 ICMP 协议服务条目的 code 值。

min-code ICMP 协议服务条目 code 的最小值。

max-code ICMP 协议服务条目 code 的最大值。

timeout *timeout-value* 可选指定服务条目超时时间值，单位为秒(s)。

　　［默认取值］

无默认值。

［命令模式］

服务配置模式。

［使用指导］

♦ 如果不指定 code 值，DCFOS 会使用默认值 0-5。

♦ 超时时间值范围是 1 到 65 535 秒。如果不指定超时时间值，DCFOS 会使用 ICMP 协议的默认超时时间 6 秒。

［命令实例］

hostname(config)# service my-service

hostname(config-service)# icmp type 3 code 3 5 timeout 60

hostname(config-service)# exit

(2) icmp type：修改 ICMP 类型预定义服务的超时时间。

［命令］

icmp type *type-value* code *code-value* timeout *timeout-value*

［句法描述］

type *type-value* ICMP 类型预定义服务的 type 值。

code *code-value* ICMP 类型预定义服务的 code 值。

timeout *timeout-value* 指定预定义服务的超时时间值，单位为秒。

［默认取值］

无默认值。

［命令模式］

服务配置模式。

［使用指导］

目前，DCFOS 预定义服务中只有 ICMP 和 Ping 两个 ICMP 类型预定义服务。

［命令实例］

修改预定义服务 ICMP 的超时时间值：

hostname(config)# service icmp

hostname(config-service)# icmp type any code any timeout 30

修改预定义服务 Ping 的超时时间值：

hostname(config)# service Ping

hostname(config-service)# icmp type 8 code 0 timeout 30

(3) protocol：为自定义服务添加其它类型服务条目。使用该命令 no 的形式将指定条目从服务中删除。

［命令］

protocol *protocol-number* [timeout *timeout-value*]

no protocol *protocol-number* [timeout *timeout-value*]

［句法描述］

protocol-number 指定自定义服务的协议号，范围是 1 到 255。

timeout-value 指定自定义服务的超时时间，范围是 1 到 65 535 秒。

［默认取值］

无默认值。

［命令模式］

服务配置模式。

［使用指导］

无。

［命令实例］

hostname(config-service)# protocol 47 timeout 8

(4) servgroup：创建一个服务组并进入服务组配置模式。如果服务组已存在，则直接进入服务组的配置模式。使用该命令 no 的形式删除该服务组。

［命令］

servgroup *servicegroup-name*

no servgroup *servicegroup-name*

［句法描述］

servicegroup-name 服务组的名称。

［默认取值］

无默认值。

［命令模式］

全局配置模式。

［使用指导］

服务组的名称必须是唯一的。

［命令实例］

hostname(config)# servgroup my-group

(5) service：将一个服务或者服务组添加到服务组中。

［命令］

service {*service-name* | *servicegroup-name*}

no service {*service-name* | *servicegroup-name*}

［句法描述］

service-name 服务名称，可以是预定义服务也可以是自定义服务。

servicegroup-name 服务组名称。

［默认取值］

无默认值。

［命令模式］

服务组配置模式。

［使用指导］

服务组的名称必须是唯一的。

［命令实例］

hostname(config)# servgroup my-group

hostname(config-svc-group)# service my-service

hostname(config-svc-group)# service group1

（6）service *service-name*：进入预定义服务的服务配置模式，或创建一个用户自定义服务并且进入服务配置模式。如果自定义服务已存在，则直接进入服务配置模式。使用该命令 no 的形式删除指定的自定义服务。预定义服务不能被删除。

［命令］

service *service-name*

no service *service-name*

［句法描述］

service-name　预定义服务或用户自定义服务的名称。

［默认取值］

无默认值。

［命令模式］

全局配置模式。

［使用指导］

自定义服务名称的长度范围是 1 到 31 个字符。

［命令实例］

hostname(config)# service my-service

5）策略命令模块

（1）absolute：配置时间表的绝对时间。使用该命令 no 的形式关闭绝对时间功能，使周期能够即时生效。

［命令］

absolute {[start *start-date start-time*] [end *end-date end-time*]}

［句法描述］

start *start-date start-time* 指定绝对时间的开始时间点，包括日期和具体时间。如果不指定该参数的值，开始时间为当前时间。

end *end-date endtime* 指定绝对时间的结束时间点，包括日期和具体时间。如果不指定该参数的值，则无结束时间，周期会从开始时间起，一直有效。

［默认取值］

无默认值。

［命令模式］

时间表配置模式。

［使用指导］

◆ 日期的书写格式为"月/日/年"，例如 10/23/2007。

◆ 时间的书写格式为"时：分"，例如 15:30。

［命令实例］

hostname(config-schedule)# absolute start 10/23/2007 15:30 end

11/30/2007 10:00

（2）action：匹配基于安全域的策略规则或者全局策略规则的流量指定行为。

［命令］

action {permit | deny | tunnel | fromtunnel | Webauth}

［句法描述］

permit 为匹配的流量指定行为，permit 为允许通过安全网关。

deny 为匹配的流量指定行为，deny 为拒绝通过安全网关。

tunnel 当流量为从客户端访问服务器端时，使用该行为使流量通过 VPN 隧道。

fromtunnel 当流量为从服务器端访问客户端时，如果使用该行为，系统将会首先判断流量是否来自隧道，只有来自隧道的流量才会被允许通过。

Webauth 对符合条件的流量进行 Web 认证。

［默认取值］

无默认值。

［命令模式］

基于安全域的策略规则配置模式/全局策略规则配置模式。

［使用指导］

无。

［命令实例］

hostname(config-policy)# rule id 3

hostname(config-policy-rule)# action deny

(3) add：添加已定义的 Profile 到 Profile 组。使用该命令 no 的形式从 Profile 组中把指定类型的 Profile 删除。

［命令］

add {av | behavior | contentfilter | http | IPs} profile-name

no add {av | behavior | contentfilter | http | IPs}

［句法描述］

av 指定添加或删除防病毒 Profile。

behavior 指定添加或删除行为 Profile。

contentfilter 指定添加或者删除内容过滤 Profile。

http 指定添加或者删除 HTTP Profile。

IPs 指定添加或者删除 IPS Profile。

profile-name 指定欲添加或者删除的相应类型 Profile 的名称。

［默认取值］

无默认值。

［命令模式］

Profile 组配置模式。

［使用指导］

♦ 一个 Profile 组中，每种类型的 Profile 只能有一条。

♦ 防病毒 Profile 仅对安装有防病毒许可证的用户可用。

♦ IPS Profile 仅对安装有 IPS 许可证的用户可用。

♦ 上网行为管理的行为 Profile、内容过滤 Profile 以及 HTTP Profile 仅对安装有网络行为控制许可证的用户可用。

［命令实例］

hostname(config-profile)# add http http-profile1

sub profile is "http-profile1"

(4) clear policy hit-count：清除基于安全域的策略规则或者全局策略规则匹配次数统计信息。

［命令］

clear policy hit-count {all | id *id*}

［句法描述］

all 清除所有规则的匹配次数统计信息。

id *id* 清除指定 ID 规则的匹配次数统计信息。

［默认取值］

无默认值。

［命令模式］

全局模式。

［使用指导］

无。

［命令实例］

hostname(config)# clear policy hit-count all

(5) default-action：为未匹配到任何已配置策略规则的流量指定缺省行为为允许，系统将按照指定的缺省行为对此类流量进行处理。使用该命令 no 的形式恢复系统缺省行为。

［命令］

default-action permit

no default-action permit

［句法描述］

无。

［默认取值］

默认情况下，系统会拒绝未匹配到任何已配置策略规则的流量通过。

［命令模式］

基于安全域的策略配置模式/全局策略配置模式。

［使用指导］

无。

［命令实例］

hostname(config-policy)# default-action permit

(6) disable：禁用策略规则。

［命令］

disable

［句法描述］

无。

［默认取值］

无默认值。

[命令模式]

基于安全域的策略规则配置模式/全局策略规则配置模式。

[使用指导]

默认情况下，配置好的策略规则会在系统中立即起效。用户可以通过命令禁用某条策略规则，使其不对流量进行控制。

[命令实例]

hostname(config-policy-rule)# disable

（7）dst-addr：为基于安全域的策略规则或者全局策略规则添加地址簿条目类型目的地址。使用该命令 no 的形式为规则删除指定的目的地址。

[命令]

dst-addr *dst-addr*

no dst-addr *dst-addr*

[句法描述]

dst-addr 规则的目的地址，该地址来自域所在 VRouter 或 VSwitch 的地址簿。

[默认取值]

无默认值。

[命令模式]

基于安全域的策略规则配置模式/全局策略规则配置模式。

[使用指导]

无。

[命令实例]

hostname(config-policy)# rule id 3

hostname(config-policy-rule)# dst-addr addr1

hostname(config-policy-rule)# no dst-addr addr1

（8）enable：启用策略规则。

[命令]

enable

[句法描述]

无。

[默认取值]

无默认值。

[命令模式]

基于安全域的策略规则配置模式/全局策略规则配置模式。

[使用指导]

默认情况下，配置好的策略规则会在系统中立即起效。

[命令实例]

hostname(config-policy-rule)# enable

（9）move：移动指定基于安全域的策略规则或者全局策略规则从而改变规则的排列

顺序。

［命令］

move *id* {top | bottom | before *id* | after *id*}

［句法描述］

id 指定要移动的规则的 ID 号。

top | bottom 为规则指定绝对排列顺序：top 为首位，bottom 为末位。

before *id* 为规则指定相对排列顺序：位于某规则之前。

after *id* 为规则指定相对排列顺序：位于某规则之后。

［默认取值］

无默认值。

［命令模式］

基于安全域的策略配置模式/全局策略配置模式。

［使用指导］

无。

［命令实例］

hostname(config-policy)# move 3 top

(10) policy：进入策略配置模式。DCFOS 的策略是基于源域和目标域构建的。

［命令］

policy from *src-zone* to *dst-zone*

［句法描述］

src-zone 指定流量的源安全域。

dst-zone 指定流量的目标安全域。

［默认取值］

无默认值。

［命令模式］

全局配置模式。

［使用指导］

源域和目的域必需在同一层(第二层或者第三层)，不在同一层的策略规则无意义。如果两个域都在第二层，则必须在同一个 VSwitch 中。

［命令实例］

hostname(config)# policy from trust to untrust

(11) profile-group：为基于安全域的策略规则或者全局策略规则添加 Profile 组使 Profile 组在规则中生效。使用该命令 no 的形式删除规则的 Profile 组。

［命令］

profile-group *profile-group-name*

no profile-group *profile-group-name*

［句法描述］

profilegroup-name 指定 Profile 组名称。

［默认取值］

无。

[命令模式]

基于安全域的策略规则配置模式/全局策略规则配置模式。

[使用指导]

无。

[命令实例]

hostname(config-policy-rule)# profile-group profile1

(12) role：为基于安全域的策略规则或者全局策略规则指定角色。使用该命令 no 的形式取消策略规则的角色配置。

[命令]

role {UNKNOWN | *role-name*}

no role

[句法描述]

UNKNOWN 表示系统预留的角色，是既没有经过系统认证也没有静态绑定的角色。

role-name 指定角色名称。

[默认取值]

无默认值。

[命令模式]

基于安全域的策略规则配置模式/全局策略规则配置模式。

[使用指导]

当策略规则的行为是"Web 认证"时，使用 role UNKNOWN 触发系统的 Web 认证功能。

[命令实例]

hostname(config-policy)# rule id 4

Rule id 4 is created

hostname(config-policy-rule)# role role1

(13) user：为基于安全域的策略规则或者全局策略规则指定用户。使用该命令 no 的形式取消策略规则的用户配置。

[命令]

user *aaa-Server-name user-name*

no user *aaa-Server-name user-name*

[句法描述]

aaa-server-name 指定 AAA 服务器的名称。

user-name 指定用户的名称。

[默认取值]

无。

[命令模式]

基于安全域的策略规则配置模式/全局策略规则配置模式。

[使用指导]

无。

［命令实例］

hostname(config-policy)# rule id 4

Rule id 4 is created

hostname(config-policy-rule)# user local user1

(14) user-group：为基于安全域的策略规则或者全局策略规则指定用户组。使用该命令 no 的形式取消策略规则的用户组配置。

［命令］

user-group *aaa-server-name user-group-name*

no user-group *aaa-server-name user-group-name*

［句法描述］

aaa-Server-name 指定 AAA 服务器的名称。

user-group-name 指定用户组的名称。

［默认取值］

无。

［命令模式］

基于安全域的策略规则配置模式/全局策略规则配置模式。

［使用指导］

无。

［命令实例］

hostname(config-policy)# rule id 4

Rule id 4 is created

hostname(config-policy-rule)# user-group local usergroup1

(15) rule：(基于安全域的策略规则)创建一条从一个域到另一个域的规则。

［命令］

rule [id *id*] [top | before *id* | after *id*] [role {UNKNOWN | *rolename*}

| user *aaa-server-name user-name* | user-group *aaa-Server-name*

user-group-name] from *src-addr* to *dst-addr* service *service-name*

{permit | deny | tunnel *tunnel-name* | fromtunnel *tunnel-name* |

Webauth *aaa-server-name*}

［句法描述］

id *id* 为规则指定一个 ID 号。如果不指定，系统将会为策略规则自动分配一个 ID。

top 为规则指定绝对排列顺序：top 为首位

before *id* 为规则指定相对排列顺序：位于某规则之前。

after *id* 为规则指定相对排列顺序：位于某规则之后。

UNKNOWN UNKNOWN 是系统预留的角色，既没有经过系统认证也没有静态绑定。

role-name 指定角色的名称。

aaa-server-name 指定用户/用户组所属的 AAA 服务器的名称。

user-name 指定用户的名称。

user-group-name 指定用户组的名称。

src-addr 指定策略规则的源地址。

dst-addr 指定策略规则的目的地址。

service-name 指定策略规则的服务名称。

permit | deny| tunnel *tunnel-name*|指定 DCFOS 对匹配的流量所采取的行为。permit：允许流量通过。deny：拒绝流量通过。tunnel：当流量为从本地到对端时，使用该行为使流量通过 VPN 隧道。

fromtunnel *tunnelname* | Webauth *aaa-server-name* fromtunnel：当流量为从对端到本地时，如果使用该行为，系统将会首先判断流量是否来自隧道，只有来自隧道的流量才会被允许通过。Webauth *aaa-server-name* 对符合条件的流量进行 Web 认证。

［默认取值］

无默认值。

［命令模式］

基于安全域的策略配置模式。

［使用指导］

♦ 以下方法也可以创建一条规则：先用 rule [id *id*] [top | bottom | before *id* |after *id*]创建一个 ID，之后进入基于安全域的策略规则配置模式指定其它参数的值。

♦ 如果让规则在某个特定的时期内生效，请先在全局配置模式用 schedule 命令指定时间段。

♦ 如果是第三层规则，规则的源地址和目的地址都必须来自源和目的域所在 VRouter 的地址簿中。

♦ 如果是第二层规则，规则的源地址和目的地址都必须来自源和目的域所在 VSwitch 的地址簿中。

［命令实例］

hostname(config)# policy from trust to untrust

hostname(config-policy)# rule id 3 from addr1 to any service http

permit

Rule id 3 is created.

(16) rule id：进入指定基于安全域的策略规则或者全局策略规则的规则配置模式，用户可以在该模式下修改该规则的各参数值。使用该命令 no 的形式可以删除该规则。

［命令］

rule [id *id*] [top | before *id* | after *id*] (该命令适用于规则 ID 不存在的情况)

rule id *id* (该命令适用于规则 ID 已存在的情况，并且用该命令 no 的形式，可以删除该条规则，即 no rule id *id*)

［句法描述］

id *id* 为规则指定一个 ID 号。

top 指定策略规则的位置为所有规则的首位。

before *id* 指定策略规则的位置为某个规则之前。

after *id* 指定策略规则的位置为某个规则之后。

［默认取值］

无默认值。

［命令模式］

基于安全域的策略配置模式/全局策略配置模式。

［使用指导］

无。

［命令实例］

hostname(config-policy)# rule id 3

hostname(config-policy-rule)#

(17) service：为基于安全域的策略规则或者全局策略规则指定流量的服务类型。使用该命令 no 的形式为规则删除指定的服务。

［命令］

service *service-name*

no service *service-name*

［句法描述］

service-name 为流量指定服务或者服务组。该服务或者服务组来自服务簿。

［默认取值］

无默认值。

［命令模式］

基于安全域的策略规则配置模式/全局策略规则配置模式。

［使用指导］

无。

［命令实例］

hostname(config-policy)# rule id 3

hostname(config-policy-rule)# service my-service

hostname(config-policy-rule)# no service my-service

(18) src-addr：为基于安全域的策略规则或者全局策略规则添加地址簿条目类型源地址。使用该命令 no 的形式为规则删除地址簿条目类型源地址。

［命令］

src-addr *src-addr*

no src-addr *src-addr*

［句法描述］

src-addr 规则的源地址。该地址来自域所在 VRouter 或 VSwitch 的地址簿。

［默认取值］

无默认值。

［命令模式］

基于安全域的策略规则配置模式/全局策略规则配置模式。

［使用指导］

无。

[命令实例]

hostname(config-policy)# rule id 3

hostname(config-policy-rule)# src-addr addr1

hostname(config-policy-rule)# no src-addr addr1

参 考 文 献

[1] 吴秀梅. 防火墙技术及应用教程. 北京：清华大学出版社，2010.

[2] 鲍洪生，高增荣，陈骏. 信息安全技术教程. 北京：电子工业出版社，2014.

[3] 曾劢炜，付爱英，盛鸿宇. 防火墙技术标准教程. 北京：理工大学出版社，2007.

[4] 陈孟建，徐金华，邹玉金. 商务网络安全与防火墙技术. 北京：清华大学出版社，2011.

[5] 阎慧. 防火墙原理与技术. 北京：机械工业出版社，2004.

[6] (美)卢卡斯. 防火墙策略与VPN配置. 北京：水利水电出版社，2008.

[7] 信息安全技术防火墙技术要求和测试评价方法. GB/T20281—2006.

[8] 程庆梅，徐雪鹏. 防火墙系统实训教程. 北京：机械工业出版社，2012.

[9] 马春光，郭方方. 防火墙、入侵检测与VPN. 北京：北京邮电大学出版社有限公司，2008.

[10] 陈波，于泠. 防火墙技术与应用. 北京：机械工业出版社，2013.

[11] 刘晓辉等. 交换机·路由器·防火墙. 2版. 北京：电子工业出版社，2012.

[12] 杨富国. 网络设备安全与防火墙. 北京：北京交通大学出版社，2005.

[13] 摩赖斯. Cisco防火墙 YESLAB 工作室，译. 北京：人民邮电出版社，2014.